边坡与基坑工程的支护技术研究

吴 静 著

北京工业大学出版社

图书在版编目（CIP）数据

边坡与基坑工程的支护技术研究 / 吴静著 . — 北京：北京工业大学出版社，2019.10
　ISBN 978-7-5639-5930-3

　Ⅰ．①边… Ⅱ．①吴… Ⅲ．①边坡稳定性—研究②深基坑支护—研究 Ⅳ．① TV698.2 ② TU46

中国版本图书馆 CIP 数据核字（2019）第 085634 号

边坡与基坑工程的支护技术研究

著　者：	吴　静
责任编辑：	张　娇
封面设计：	点墨轩阁
出版发行：	北京工业大学出版社
	（北京市朝阳区平乐园 100 号　邮编：100124）
	010-67391722（传真）　　bgdcbs@sina.com
经销单位：	全国各地新华书店
承印单位：	定州启航印刷有限公司
开　　本：	787 毫米 ×1092 毫米　1/16
印　　张：	11.25
字　　数：	225 千字
版　　次：	2019 年 10 月第 1 版
印　　次：	2019 年 10 月第 1 次印刷
标准书号：	ISBN 978-7-5639-5930-3
定　　价：	40.00 元

版权所有　翻印必究

（如发现印装质量问题，请寄本社发行部调换 010-67391106）

作者简介

吴静，女，1985.09，湖北孝感人，湖北工程学院 土木工程学院讲师，博士，主要从事土木工程与岩土工程专业的教学与科研工作。研究方向：边坡稳定性分析与加固，地下工程灾害与防治，岩土加固新理论与新技术。

前 言

近年来，随着社会经济的不断发展，我国的工程建设事业取得了巨大的发展，建设项目越来越多，规模越来越大，速度也越来越快。伴随着我国工程建设事业的快速发展，边坡和基坑工程也获得了一定的发展，相关的工程施工也越来越多，如公路与铁路工程的修建就需要开展边坡与基坑工程。但是，边坡与基坑工程的开挖具有一定的危险性，容易造成一定的灾害。安全问题一直是建筑工程中的首要问题，边坡与基坑工程事故一旦出现不仅施工单位自身受到损害，还将会危及周边居民的生命财产安全，给周边居民生产生活带来极大的不便，屡屡发生的基坑坍塌事故给国家和人民的生命财产带来了巨大的损失。当前，我国边坡与基坑工程的支护技术研究还存在一定的不足，如工程项目中对基坑的时空效应与环境效应的重视程度还不够。基坑工程中基坑形状与深度对其支护机构的安全和稳定有着重大的影响。由于受空间作用的影响，支护体系所受的土压力与经典的土压力不同，因此，要注意基坑工程空间效应，并在基坑维护体系的设计和施工中加以利用。另外，土体的开挖必定会导致应力场与地下水水位的变化，并会对周围建（构）筑物及地下管线产生较为强烈的影响。当下，对边坡与基坑工程的时空效应和环境效应的重视程度还远不够理想，今后还要加大对其重视程度。因此，加强对边坡与基坑工程的支护技术研究就显得十分必要，这也是边坡与基坑工程安全的重要保障。

对边坡与基坑工程进行支护，其根本目的是保证边坡与基坑工程的稳定。因此，对边坡与基坑工程进行土力学和稳定性分析是支护设计的重要内容，边坡与基坑工程稳定性分析的方法主要有极限平衡法、数值平衡法、不确定性分析法等。在此基础上，本书主要对加筋土支护技术、排桩与板桩支护技术、锚固支护技术、基坑动态支护技术进行研究。

在对以上几种支护技术进行研究的同时，本书还将支护设计与工程实际相结合，对加筋土支护技术中的土工格栅加筋土挡土墙和包裹式加筋土挡土墙进行研究；对排桩与板桩支护技术中的传统排桩与板桩式支护技术、双排桩支护技术、斜插式板桩墙支护技术进行研究；对锚固支护技术的预应力锚固支护设计和锚定板挡土墙支护设计进行研究；对基坑动态支护的拱支可调基坑支护技术进行研究。

在未来，伴随地下工程施工的不断发展，社会对于边坡与基坑工程还有着巨大的需求，但是，原有的边坡与基坑工程建设理念已经不能完全适应当前社会发展的需求，工程实践对于边坡与基坑工程的安全要求也越来越高，因此迫切需要边坡与基坑工程在设计、施工、监测等方面实现新的发展。本书希望通过支护设计相关技术的研究，为边坡与基坑工程支护技术的创新发展做出一定的贡献。

笔者在撰写本书的过程中参阅了大量边坡与基坑支护的相关资料，在此对引用资料中的作者表示衷心的感谢。

最后，由于笔者水平有限，加之时间仓促，书中难免有疏漏和不妥之处，恳请读者批评指正。

作　者
2018 年 7 月

目 录

绪 论 1

第一章 边坡工程 5
   第一节 边坡工程概述 5
   第二节 边坡工程的地质灾害 8
   第三节 边坡工程支护的主要内容 11

第二章 基坑工程 15
   第一节 基坑工程概述 15
   第二节 基坑工程的发展趋势 18
   第三节 基坑工程支护的主要内容 21

第三章 边坡的稳定性分析 25
   第一节 边坡稳定性的影响因素及其分析方法 25
   第二节 边坡稳定性计算 30
   第三节 边坡稳定性评价 40

第四章 基坑支护的力学原理 45
   第一节 基坑的力学特性分析 45
   第二节 土与支护的作用分析 79
   第三节 基坑支护结构的受力分析 80

第五章 加筋土支护技术 83
   第一节 加筋土支护技术概述 83
   第二节 加筋土支护设计 91

第六章 排桩与板桩支护技术 107
   第一节 传统排桩与板桩式支护技术 107
   第二节 双排桩支护技术 114
   第三节 斜插式板桩墙支护技术 122

第七章 锚固支护技术 ·· 131
第一节 锚固支护技术概述 ·· 131
第二节 预应力锚固支护设计 ·· 137
第三节 锚定板挡土墙支护设计 ·· 144

第八章 基坑动态支护技术 ·· 153
第一节 基坑动态支护技术的发展 ·· 153
第二节 基坑动态支护的主要技术 ·· 157
第三节 基坑动态支护的其他形式 ·· 164

参考文献 ··· 169

绪 论

一、研究的背景和意义

随着我国改革开放的深化发展，建筑业作为国民经济支柱产业的作用日益增强，也为我国国民经济和社会发展做出了巨大贡献。但众多工程项目的开发建设，如城市建设、铁路桥梁工程及矿山开发等，都对周边原有的地质环境及生态环境造成了较大的改变，如河流改道、山地平整等。因此，工程项目周边就必不可少的产生了大量的土质或岩质边坡。有些工程项目在运营阶段，随着地下水长期的侵蚀、岩土体自身重力作用、地震、降水等自然因素及其他不利的人为因素等不断地影响，工程项目周边所遗留下的边坡就发生了局部或整体变形，从而造成了大量边坡的崩塌、滑动等地质灾害。根据边坡事故的发生可以看出，在城市建设过程中，大多数经人工改造后的边坡由于其内在的地质条件及外部的地貌环境的变化，都直接或间接的影响其整体的稳定性，因此对于现存的边坡必须采取一种行之有效的支护方法，以保证其稳定与安全。

基坑工程是一种古老且不乏新意，又具有划时代意义的学术性研究内容，同时它又是具有工程性质的岩土类研究难题。随着建筑工程的发展及人们对地下空间的利用日益增加，尤其近些年在经济高速发展和工业化进程的推动下，高层、超高层及地铁工程在我国的大规模发展，基坑工程无论是技术上，还是数量上都得到了突飞猛进的发展，而且向着开挖深度、宽度越来越大的方向发展，从而使得基坑支护技术有了长足的进步，且在工程地质条件恶劣的地区也有了突破性进步。因此，基坑支护问题在我国乃至国际上的研究也逐渐传播开来。

二、国内外研究现状

边坡与基坑工程的支护技术发展和岩土工程的发展是相辅相成的，至今大概已有百年历史。随着新型支护结构形式的出现及岩土工程、高科技技术方面的发展，边坡与基坑工程的支护理论研究正逐渐成为一门完善的学科体系。边坡与基坑工程的支护技术发展主要有以下几个阶段。

20世纪40~50年代，由于对边坡与基坑工程的研究认识不足，学科发展不够健全，最初对于边坡与基坑工程失稳的支护仅仅局限于清理土方以放缓边坡。到后来，挡土墙作为抗滑、支挡工程被广泛应用，但是这种边坡与基坑工程往往因为外界条件发生变化而导致失稳。

20世纪60~70年代，抗滑桩开始大范围的使用，这种支挡结构多采用钢筋混凝土钻孔桩和钢桩，群桩加承台共同受力，其从一定程度上克服了挡土墙施工相对困难的问题。我国在60年代铁路建设中首次采用抗滑桩技术并且取得了成功，从此开始普遍推广；1964年，我国在安徽省梅山水库的坝基建设中首次应用了预应力锚索技术；70年代中后期，我国在相关的研究基础上，研究开发了排架桩等新型的支护结构形式，从一定程度上节约了工程项目成本。

20世纪80年代后，随着锚固技术的不断发展，边坡与基坑工程演化出了许多种结构形式，其中预应力锚索抗滑桩应用最为广泛。相关的统计数据显示，在相同的条件下应用预应力锚索抗滑桩能比普通抗滑桩节约30%左右的成本。施加预应力锚索抗滑桩可使结构的受力情况由被动受力转变为主动受力，这在一定程度上避免或者限制了抗滑结构起作用前滑动条件的不断恶化。

20世纪90年代，出现了预应力锚索框架梁的支护形式。在日本，出现了预应力混凝土(pretressing concrete, PC)格构锚固法和快速强大(quick&strong, Q&S)框架法。我国更多地采用了压力注浆加固手段，框架锚固结构也在我国开始了大面积的推广应用。90年代以来，由于世界上各个国家逐渐意识到了环保的重要性，植物护坡开始发展起来。1994年9月，首次以植物护坡为主题的国际会议在英国牛津举办，国外一般把植物护坡定义为："用活的植物或单独用植物与土木工程和非生命植物材料相结合，以减轻坡面的不稳定性和侵蚀"。随着人们对生态环境越来越重视，植物护坡将会有更大的发展空间。

阿特维尔（Attwell）等研究了土体开挖后对地面产生的沉降影响，并深入分析了地表沉降对工程周围建筑物产生的不利影响；布兰斯比（Bransby）等则在室内实验模拟了沙土地层中悬臂板桩的支护形式，并分析了在土体的开挖过程中板桩的受力变形，还讨论了土体与板桩之间的接触面的光滑系数对支护结构的位移变形及地面沉降的影响程度；波顿（Bolton）等通过使用模型的方法，分别对基坑在失稳之前的规律、地下连续墙的工作性能、支护结构与土体之间的相互作用及孔隙水压力与土体之间的分布规律等方面进行了详细的分析，并给出了相应的结论；布耶鲁姆（Bjerrum）和艾德（Eide）

给出了分析基坑坑底隆起的方法。在边坡与基坑工程理论发展的同时，其施工技术也有了很大的提高。边坡与基坑工程施工技术的飞跃，使其得到了广泛应用，并得以推广。有学者根据地铁隧道施工所得的数据，运用软件模拟分析了基坑开挖完成之后其对周围隧道环境的影响，并且总结出挤压变形是隧道工程中最严重的危害因素；拉菲（Laefer）则重点对刚性悬臂支护结构与柔性悬臂支护结构对基坑周围土体与建筑的作用进行了分析；布莱森（Bryson）通过芝加哥的工程实例，分析了基坑四周建筑物和支挡体系在淤泥质土体中产生严重变形的原因，指出使用刚性支护体系来避免这种变形的出现，并使用结构变形的函数式表达出了建筑物的沉降规律。

  我国的工程技术人员是从 20 世纪 80 年代开始对此领域开始研究的，目前已取得了不小的成就。

  侯学渊和陈永福在理论模拟计算的基础之上，又根据基坑周围土体的沉降变化的趋势，分析指出了土体的沉降量大致与墙体的入土深度相同的结论。刘钊将双排桩看作悬臂框架结构，并对土压力进行了分区，把后排桩的桩背面的土压力考虑为主动的土压力，桩间土体则考虑为水平应力为零的受侧向约束无限长的土体，基底以下的桩侧抗力则采用 m 法计算得出。张弘着重研究了双排桩的整体结构和对它本身产生作用土体的约束，在充分考虑连梁和圈梁的条件下，把桩间土近似为无限长的弹性体。在测量桩体压力时所使用的是极限土压力法和经验系数法两种方法。在进行桩压力计算时，需把前排桩等价为单锚板桩，通过两端的简支板桩的入土深度来计算桩的最小入土深度。黄强不考虑桩与土之间的摩擦力，并且将桩后土体视为刚塑性土体，然后运用极限平衡的原理计算得出主动土压力，并分析得出了后排桩及排距存在时对桩后土体剪切角的影响。何颐华将圈梁看作一个顶端是刚性节点，低端是一个嵌固的钢架结构，还假定连梁不产生转角，且前排桩与后排桩的位移也近似看作相同的，再依据两排桩之间的滑动土与桩后滑动土的总量之比即可推断出排桩受到的侧向土压力。蒋洪胜和刘国彬通过分析研究对时空效应的支护体系支撑轴力的实际的测量结果，得出了基坑开挖时时空效应的相关规律。孙钧等利用有限元和边界元的方式分析了土体静态和动态与土体开挖的联合作用，而且还将理论分析提升到了非线性的阶段。吴兴龙和朱碧堂更深一层地阐述了时空效应在土体开挖过程中的问题，并指出一边开挖一边支护的方式能有效减小土体强度在基坑开挖过程中的衰减。邱佳荣等研究了双排桩排距、连梁刚度和被动区土体加固对双排桩的影响规律。曹俊坚考虑圈梁对桩的空间作用的基础，在变形协调原理的基础之上，推导出来了前排桩与后排桩的变形协调方程，从而推导出了一种前、后排桩新的计算方法。

熊巨华通过分析计算得出：桩间距超过8倍桩径时，宜采用拉锚式结构进行验算；其为4~8倍时，宜采用框架结构来进行验算；其比4倍桩径还小时，则要依据抗弯刚度的等效原理进行验算，并以此阐述了弹性支点法的简化计算方法。平扬最早提出双排桩支护结构体系的空间效应反分析计算模型，并利用了前排桩桩顶的实际变形数据，在此基础上认为只有土压力的位移会造成误差，并对其进行了修改。戴智敏从土拱理论的方向开始入手，分析研究了前、后排的桩间土对前、后排桩的作用，以被支挡土体假想滑裂面为分界面，滑裂面以上采用土拱原理计算，滑裂面以下采用土抗法进行分析计算。郑刚建立了桩土间相互作用的平面体系有限元模型，用来模拟双排桩支护结构的工作性状。顾问天首次提出双排桩反力弹簧法，其是结合了比例系数法与排桩结构体系中反力弹簧原理，而提出的一种新型的用于计算结构内力计算的方法。黄凭等则使用一个假定的剪切滑裂面，将双排桩分为两个部分，再分别对每个部分进行分析研究，建立挠曲的微分方程并求出解，最后通过求导进而得到结构各点的受力情况。范秋雁将双排桩假定为弹性地基梁，并对双排桩进行分段建立挠曲微分方程，通过解出连梁中间截面的内力从而得出双排桩结构各截面的内力。申永江等提出双排长短组合抗滑桩的支护形式，以解决前、后排桩受力不均匀，抗滑桩不能充分的发挥抗滑作用及防止因埋深深度过大而引发的一系列问题。

三、本书的主要内容

本书以边坡与基坑工程的支护设计为研究的主要内容，全书共分为8章，结构设计分为两部分。

第一到第四章为理论基础部分，主要内容包括对边坡与基坑工程及支护的相关概念进行明确，重点对边坡支护的稳定性分析和基坑的土力学原理分析作为研究的重点，以此奠定本书的理论基础。

第五到第八章为支护技术研究部分，主要对边坡与基坑工程的加筋土支护技术、排桩与板桩支护技术、锚固支护技术、基坑动态支护技术进行研究。

第一章　边坡工程

对边坡工程的支护设计进行研究，首先应对边坡工程及其支护的相关概念和影响因素等进行一定的了解，包括了解边坡工程概念，明确不同类型边坡的特征，这也是对边坡进行支护设计的基础。边坡工程存在着发生地质灾害的风险，因此，只有了解了边坡地质灾害的类型，才能够实现对边坡的有效支护。在对边坡工程进行支护设计的过程中，只有掌握边坡支护的方法，才能够选择合适的支护方案。

第一节　边坡工程概述

一、边坡与边坡工程

边坡：一般分为指天然边坡（自然斜坡，河流水岸坡，台塬塬边，崩塌、滑坡、泥石流堆积体）及人工边坡（由交通道路、露天采矿、建筑场地与基础工程等所形成）；也可以广义定义为地球表面具有倾向临空的地质体，主要由坡顶、坡面、坡脚及下部一定范围内的坡体组成。

边坡构成要素示意图如图1-1所示。

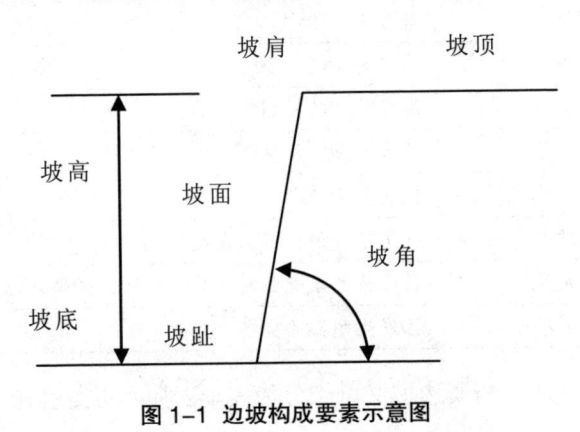

图 1-1　边坡构成要素示意图

边坡工程：为满足工程需要而对自然边坡和人工边坡进行改造。

高边坡工程：不同行业高边坡的界定标准是不同的。对于建筑边坡，根据《建筑边坡工程技术规范》（GB 50330—2013）的规定：对于土质边坡高度大于20m、小于100m，或岩质边坡高度大于30m、小于100m 的边坡，其边坡高度因素将对边坡稳定性产生重要作用和影响，其边坡稳定性分析和防护加固工程设计应进行个别或特别设计计算。

二、边坡工程的类型

在实际工程中，为满足不同工程用途的需要，边坡形态多种多样，其一般分类见表1-1。

表1-1 边坡一般分类

分类依据	名称	简述
成因	自然边坡（斜坡）	由自然地质作用形成地面具有一定斜度的地段，按地质作用可细分为剥蚀边坡、侵蚀边坡、堆积边坡
	人工边坡	由人工开挖、间坡形成地面具有一定斜度的地段
岩性	岩质边坡（岩坡）	由岩石构成，按岩石成因、岩体结构又可细分为多种边坡
	土质边坡（土坡）	由土构成，按土体结构又可细分为：单元结构、多元结构、土石混合结构、土石叠置结构
坡高	超高边坡	岩质边坡坡高大于30m，土质边坡坡高大于15m
	高边坡	岩质边坡坡高为15~30m，土质边坡坡高为10~15m
	中高边坡	岩质边坡坡高为8~15m，土质边坡坡高为5~10m
	低边坡	岩质边坡坡高小于8m，土质边坡坡高小于5m
坡长	长边坡	坡长大于300m
	中长边坡	坡长为100~300m
	短边坡	坡长小于100m
坡度	缓坡	坡度小于15°
	中等坡	坡度为15°~30°
	陡坡	坡度为30°~60°
	急坡	坡度为60°~90°
	倒坡	坡度大于90°
稳定性	稳定坡	稳定条件好，不会发生破坏
	不稳定坡	稳定条件差或已发生局部破坏，必须处理才能稳定
	已失稳坡	已发生明显的破坏

根据岩土性质，岩质边坡又可细分为表1-2所示的类型。

表 1-2 岩质边坡分类表

分类依据	亚类名称	简述
岩石类别	岩浆岩边坡	由岩浆岩构成，可细分为侵入岩边坡、喷出岩边坡
	沉积岩边坡	由沉积岩构成，可细分为碎屑沉积岩边坡、碳酸盐岩边坡、黏土岩边坡、特殊岩（夹有岩盐、石膏等）边坡
	变质岩边坡	由变质岩构成，可细分为正变质岩边坡、副变质岩边坡
岩体结构	块状结构边坡	边坡岩体呈块状结构，岩体较完整，由岩浆岩体、厚层或中厚层沉积岩或变质岩构成
	层状结构边坡	边坡岩体呈层状结构，由层状或薄层状沉积岩或变质岩构成
	碎裂结构边坡	边坡岩体呈碎裂状结构，由强风化或强烈构造运动形成的破碎岩体构成
	散体结构边坡	边坡岩体呈散状结构，由全风化或大断层形成的极破碎岩体构成
岩层走向、倾向与坡面走向、倾向的关系	顺向坡	两者基本一致
	反向坡	两者的走向基本一致，但倾向相反
	斜向坡	两者的走向成较大角度（>45°）相交

三、边坡工程的发展概况

随着国民经济的发展，大量铁路、公路、水利、矿山、城镇等的修建，特别是在丘陵和山区建设中，人类工程活动中开挖和堆填的边坡数量越来越多，高度越来越高。例如，北京—福州高速公路福建段200余千米内高度大于40m的边坡有180多处；云南省元江—磨黑高速公路147km内高度大于50m的边坡为160余处；宝成铁路陕西省宝鸡至四川省绵阳段，通过的地段大部分为深山峡谷区，河道蜿蜒，山坡陡立，自然斜坡一般接近其临界坡度，稳定性较差，据不完全统计，这段铁路的边坡开挖多达293处，累计79.7km，其中接近或超过临界安全坡度的有123处，累计长423km，占边坡开挖长度的53.0%。通常水利和矿山建设中的边坡高度更高、范围更大。水利建设中黄河上的龙羊峡、李家峡、刘家峡、小浪底水电站；长江上的三峡、葛洲坝水电站；其他，如小湾、漫湾、二滩、五强溪、龙滩、天生桥、溪洛渡、锦屏电站等都存在大量的岩石高边坡，有些边坡高达500m。矿山工程中露天矿与地下矿的开采都会形成工程边坡。此外，尾矿坝、排土场也会形成许多高边坡，如著名的抚顺西露天煤矿、平朔露天煤矿等。我国是一个多山的国家，尤其是我国西部地区及东南沿海的福建、广西、广东、海南等地，随着我国西部大开发的推进，大量民用与工业建筑不断兴起，数量众多的建筑边坡应运而生，成为我国边坡工程的重要组成部分。例如，著名的山城重庆，仅市中心区建筑边坡就数以万计；香港地区有纪录的建筑边坡就有5万多个。

边坡的治理费用在工程建设中也是极其昂贵的，根据1986年威斯康辛（E. N. Brohead）的统计，用于边坡治理的费用占地质和自然灾害治理总费的25%~50%。例如，在英国的某海岸滑坡处治中，平均每千米混凝土挡土墙耗资高达1500万英镑；在伦敦南部的一个仅2500m^{2}的小型滑坡处理中，仅勘察滑动面治理就耗资2万英镑，而建造上边坡抗滑桩、挡土墙及排水系统花去15万英镑，如果包括下边坡，治理费用将翻倍。在我国随着大型工程建设的增多，用于边坡处治的费用也在不断增大，如三峡库区仅用于一期的边坡处治国家投资就高达40亿元；特别是在我国西部高速公路建设中，用于边坡处治的费用占总费用的30%~50%，因此对边坡进行合理的设计和有效的治理将直接影响国家对基础建设的投资及安全运营。

第二节 边坡工程的地质灾害

一、滑坡

滑坡是指斜坡的局部稳定性受破坏，在重力等内部作用和水流冲刷等外部营力作用下，岩土体或其他碎屑沿一个或多个破裂滑动面向下做整体滑动的过程与现象。

①滑坡规模：依据滑体的体积大小，可将滑坡分为4种规模，即Ⅰ巨型滑坡（滑体大于1000万m^3）、Ⅱ大型滑坡（滑体为100万~1000万m^3）、Ⅲ中型滑坡（滑体为10万~100万m^3）和Ⅳ小型滑坡（滑体小于10万m^3）。

②滑坡类型：依据滑坡物质成分将滑坡分为土质滑坡、岩质滑坡和碎块石土滑坡。

③滑坡与地形坡度：地形坡度直接影响滑坡发生的可能性的大小。对滑坡发生的原始地形坡度进行统计，会对今后的滑坡防治有一定的指导作用。在边坡工程地质研究上，通常把地形坡度分为5个等级（0°~10°、10°~25°、25°~40°、40°~60°、60°~90°）对滑坡进行统计。根据已有的经验和丰富的工程实例可知，滑坡地质灾害的发生多在地形坡度为25°~40°的边坡，其他依次为40°~60°、10°~25°、60°~90°和0°~10°的边坡。而巨型滑坡地质灾害和大型滑坡地质灾害的发生则一般更加集中在地形坡度为10°~40°的边坡。

④滑坡诱发因素：滑坡的诱发因素主要有大气降水、地震和人类工程活

动等。据统计，巨型滑坡的主要诱发因素是降水，尤其是连续暴雨，其次是地震因素，而人类工程活动诱发的滑坡主要为小型滑坡。

二、崩塌

崩塌是较陡斜坡上的岩土体在重力作用下突然脱离母体崩落、滚动、堆积在坡脚（或沟谷）的地质现象，产生在土体中称为土崩，产生在岩体中称为岩崩。

①崩塌规模：崩塌按崩塌体大小，分为Ⅰ巨型崩塌（崩塌体大于100万 m^3）、Ⅱ大型崩塌（崩塌体为10万~100万 m^3）、Ⅲ中型崩塌（崩塌体为1万~10万 m^3）和Ⅳ小型崩塌（崩塌体小于1万 m^3）。

②崩塌类型：依据崩塌时主要物质成分的不同将崩塌分为土质崩塌、岩质崩塌和碎块石土崩塌。崩塌的发育和发生多以土质崩塌为主。

③崩塌与地形坡度：按照边坡工程研究习惯，将地形坡度分为5个等级（0°~10°、10°~25°、25°~40°、40°~60°、60°~90°）对崩塌进行统计。根据已有的调查结果显示，崩塌多发育在坡度为60°~90°的边坡，然后依次为40°~60°、0°~10°、25°~40°、10°~25°的边坡。土质崩塌、岩质崩塌和碎块石土崩塌的规模等级中的分布基本一致。

④崩塌诱发因素：同滑坡的诱发因素一样，崩塌的诱发因素也主要有大气降水、地震和人类工程活动等。而巨型崩塌的主要诱发因素也是降水，尤其是连续暴雨，其次是地震因素，而人类工程活动诱发的崩塌仍然主要为小型滑坡。

三、泥石流

泥石流是斜坡上或沟谷中松散碎屑物质被暴雨或积雪、冰川消融水所饱和，在重力作用下，沿斜坡或沟谷流动的一种特殊洪流。其具有爆发突然，历时短暂，来势凶猛和破坏力巨大的特点。

①泥石流规模：泥石流分为巨型（规模大于50万 m^3）、大型（规模为20万~50万 m^3）、中型（规模为2万~20万 m^3）和小型泥石流（规模小于2万 m^3）。

②泥石流类型：依据泥石流的物质成分的不同将泥石流分为三类，泥石流、水石流和泥流。

③泥石流诱发因素：泥石流的形成主要受暴雨控制。泥石流的形成需要三个基本条件，有陡峭便于集水、集物的适当地形；上游堆积有丰富的松散固体物质；短期内有突然性的大量流水。

四、地面塌陷

地面塌陷是指地表岩土体在自然或人为因素作用下，向下陷落，并在地面形成塌陷坑(洞)的一种地质现象。当这种现象发生在有人类活动的地区时，便可能成为一种地质灾害。

地面塌陷主要分布在东部平原、西北内陆地区和黄土高原地区。以采空塌陷为主，即人为型为主。自然型地面塌陷有土洞塌陷、黄土湿陷和溶洞塌陷。

岩溶塌陷分布最广、数量最多，在我国岩溶塌陷分布广泛，除天津、上海、甘肃、宁夏以外的26个省（自治区、直辖市）中都有发生，其中以广西、湖南、贵州、湖北、江西、广东、云南、四川、河北、辽宁等省（自治区、直辖市）最为发育。相对于其他地面塌陷，岩溶塌陷发生频率高、诱发因素复杂多样并具有隐蔽性强及发生具有突然性和不可预测性等特点。

非岩溶塌陷又包括：采空塌陷、黄土地区黄土陷穴引起的塌陷、玄武岩地区其通道顶板产生的塌陷等。采空塌陷指煤矿及金属矿山的地下采空区顶板易塌陷，在我国分布较广泛，目前已见于除天津、上海、内蒙古、福建、海南、西藏以外的24个省（自治区、直辖市）（包括台湾地区），其中黑龙江、山西、安徽、江苏、山东等省发育较严重。

五、地裂缝

地裂缝是地表岩层、土体在自然因素（地壳活动、水的作用等）或人为因素（抽水、灌溉、开挖等）作用下，产生开裂，并在地面形成一定长度和宽度的裂缝的一种宏观地表破坏现象。有时地裂缝活动同地震活动有关，或为地震前兆现象之一，或为地震在地面的残留变形。后者又称为地震裂缝。地裂缝常常直接影响城乡经济建设和群众生活。

地裂缝的特征主要表现为不同成因类型发育的方向性、延展性和危害程度的不均一性，主要分布在黄土高原，规模以小型为主，主要是地下开挖引起的，在山坡地带最为发育。

①地裂缝类型：地裂缝的形成原因复杂多样。根据地裂缝的形成原因，常将其分为地震裂缝、隐伏裂隙开启裂缝、黄土湿陷裂缝、胀缩裂缝、地面沉陷裂缝和滑坡裂缝等几类。

②影响因素：引起地裂缝强烈活动的因素除构造活动外，主要与过量开采承压水引发的地裂缝两侧地面不均匀沉降有关。

第三节　边坡工程支护的主要内容

一、边坡支护的方法

（一）放坡

放缓边坡（放坡）是边坡处治的常用措施之一，且通常为首选措施。边坡失稳破坏通常是边坡过高、坡度太陡所致的。通过削坡，削掉一部分边坡不稳定岩土体，使边坡坡度放缓，稳定性提高。放坡优点是施工简便、经济、安全可靠。基坑开挖采用放坡或支护结构上部采用放坡时，应验算边坡的滑动稳定性。

（二）支挡

支挡（挡土墙、抗滑桩等）是边坡处治的基本措施。对于不稳定的边坡岩土体，使用支挡结构（挡土墙、抗滑桩等）对其进行支挡，是一种较为可靠的处治手段。它的优点是可从根本上解决边坡的稳定性问题，以达到根治的目的。

（三）加固

1. 注浆加固

当边坡坡体较破碎、节理裂隙较发育时，可采用注浆加固这一手段，对边坡坡体进行加固。灌浆液在压力的作用下，通过钻孔壁周围切割的节理裂隙向四周渗透，对破碎边坡岩土体起到胶结作用，从而形成整体；此外，砂浆柱对破碎边坡岩土体起到螺栓连接作用，以达到提高坡体整体稳定性的目的。注浆加固可对边坡进行深层加固。

2. 锚杆加固

当边坡坡体破碎，或边坡地层软弱时，可打入一定数量的锚杆，对边坡进行加固。锚杆加固边坡的机理相当于螺栓的作用，锚杆加固为一种中浅层加固手段。

3. 土钉加固

对于软质岩石边坡或土质边坡，可向坡体内打入足够数量的土钉，对边坡起到加固作用。土钉加固边坡的机理类似于群锚的作用。

与锚杆相比，土钉加固具有"短"而"密"的特点，是一种浅层边坡加固技术。两者在设计计算理论上有所不同，但在施工工艺上是相似的。

4. 预应力锚索加固

当边坡较高、坡体可能的潜在破裂面位置较深时，预应力锚索不失为一种较好的深层加固手段。目前，在高边坡的加固工程中，预应力锚索加固正逐渐发展成为一种趋势，被越来越多的人所接受。在高边坡加固工程中，与其他加固措施相比，预应力锚索的优点有：①受力可靠；②作用力可均匀分布于需加固的边坡上，对地形、地质条件适应力强，施工条件易满足；③主动受力；④无须爆破开挖，对坡体不产生扰动和破坏，能维持坡体本身的力学性能不变；⑤施工速度快。

（四）防护

边坡防护包括植物防护和工程防护。

1. 植物防护

植物防护是在坡面上栽种树木、草皮等植物，通过植物根系发育，起到固土、防止水土流失的一种防护措施。这种防护措施一般适用于边坡不高、坡角不大的稳定边坡。

2. 工程防护

①砌体封闭防护。当边坡坡度较陡、坡面土体松散、自稳性差时，可采用砌体封闭防护措施。砌体封闭措施主要包括浆砌片石、浆砌块石、浆砌条石、浆砌预制块、浆砌混凝土空心砖等。

②喷射素混凝土防护。对于稳定性较好的岩质边坡，可在其表面喷射一层素混凝土，防止岩石继续风化、剥落，达到稳定边坡的目的，这是一种表层防护处治措施。

③挂网锚喷防护。对于软质岩石边坡或石质坚硬但稳定性较差的岩质边坡，可采用挂网锚喷防护。挂网锚喷是在边坡坡面上铺设钢筋网或土工塑料网等，向坡体内打入锚杆（或锚钉）将网钩牢，向网上喷射一定厚度的素混凝土，对边坡进行封闭防护。

（五）排水

1. 截水沟

为防止边坡以外的水流进入坡体，对坡面进行冲刷，影响边坡稳定性，通常在边坡外缘设置截水沟，以拦截坡外水流。

2. 坡内排水沟

除在边坡外缘设置截水沟外，在边坡坡体内应设置必要的排水沟，使大气降水能尽快排出坡体，避免对边坡稳定产生不利影响。

二、边坡支护的方案选择

边坡支护方案主要取决于地层的工程性质、水文地质条件、荷载的特性、使用要求、原材料供应及施工技术条件等因素。边坡支护方案选择的原则是：力争做到使用上安全可靠、施工技术上简便可行、经济上合理。因此，一般应做几个不同边坡支护方案，从中选出较为适宜而又合理的设计方案与施工方案。

边坡支护结构形式，可根据场地地质和边坡环境条件、边坡高度及边坡工程安全等级等因素，按表1-3选定。

表1-3 边坡支护结构常用形式

支护结构	边坡环境条件	边坡高度 H (m)	边坡工程安全等级	备注
重力式挡墙	场地允许，坡顶无重要建（构）筑物	土质边坡，$H \leq 10$ 岩质边坡，$H \leq 12$	一、二、三级	土方开挖后边坡稳定较差时不应采用
悬臂式挡墙、扶壁式挡墙	填方区	悬臂式挡墙，$H \leq 6$ 扶壁式挡墙，$H \leq 10$	一、二、三级	适用于土质边坡
桩板式挡墙	—	悬臂式 $H \leq 15$ 扶壁式 $H \leq 25$	一、二、三级	桩嵌固段土质较差时不宜采用，当对挡墙变形要求较高时宜采用锚拉式桩板挡墙
板肋式或格构支护	—	土质边坡 $H \leq 15$ 岩质边坡 $H \leq 30$	一、二、三级	坡高较大或稳定性较差时宜采用逆作法施工；对挡墙变形有较高要求的边坡，宜采用预应力锚杆
排桩式锚杆挡墙	坡顶建（构）筑物需要保护，场地狭窄	土质边坡 $H \leq 15$ 岩质边坡 $H \leq 30$	一、二级	适用于较软弱的土质边坡、有外倾软弱结构面的岩质边坡、垂直逆作法开挖施工尚不能保证稳定的边坡
岩石锚喷	—	Ⅰ类岩质边坡，$H \leq 30$ Ⅱ类岩质边坡，$H \leq 30$ Ⅲ类岩质边坡，$H \leq 15$	一、二、三级 二、三级 二、三级	适用于岩质边坡
坡率法	坡顶无重要建（构）筑物，场地有放坡条件	土质边坡，$H \leq 10$ 岩质边坡，$H \leq 25$	一、二、三级	不良地质段，地下水发育区、流塑状土时不应采用

规模大、破坏后果很严重、难以处理的滑坡、危岩、泥石流及断层破碎

带地区，不应修筑建筑边坡。

　　山区工程建设时宜根据地质、地形条件及工程要求，因地制宜设置边坡，避免形成深挖高填的边坡工程。对稳定性较差且坡高较高的边坡工程宜采用后仰放坡或分阶放坡方式进行治理。当边坡坡体内洞室密集而对边坡产生不利影响时，应根据洞室大小、深度及与边坡间的传力关系等因素采取相应的加强措施。

　　存在临空的外倾软弱结构面的岩质边坡和土质边坡，其支护结构的基础必须置于软弱面以下稳定的地层内。

　　边坡工程的平面布置、竖向及立面设计应考虑对周边环境的影响，做到美化环境，体现生态保护要求。

　　当施工期边坡垂直变形较大时，应采用设置竖向支撑的支护结构方案。

第二章 基坑工程

对基坑工程支护的研究应从基坑工程的基本内容入手,明确基坑工程的概念和类型。此外,还应对基坑工程及其支护技术的发展有充分的了解,明确当前我国基坑工程中存在的问题,找准基坑工程发展的趋势,以此作为基坑工程支护设计研究的指导。对于基坑工程支护本身来说,掌握基坑工程支护的原则与方法,选择合适的基坑工程支护结构,是基坑工程支护研究的基础。

第一节 基坑工程概述

一、基坑工程的相关概念

①基坑是指进行建(构)筑物地下部分的施工由地面向下开挖出的空间。

②基坑工程是指为保证基坑的开挖、主体地下结构的施工和周围环境的安全,而采取的土方开挖、支护和降水工程。

③深基坑工程一般是指开挖深度超过5m(含5m)的基坑土方开挖、支护、降水工程,或开挖深度虽未超过5m,但地质条件、周围环境和地下管线复杂,影响毗邻建(构)筑物安全的基坑土方开挖、支护、降水工程。

④基坑工程支护是指为保证地下结构施工及基坑周边环境的安全,对基坑侧壁及周边环境采用的支挡、加固与保护的措施。基坑工程支护结构一般包括具有挡土、止水功能的围护结构和维持围护结构平衡的支、锚体系两部分。

二、基坑的主要类型

基坑的主要类型包括以下几种。

(一)高层、超高层建筑基坑

我国已建和在建高层、超高层建筑的基坑深度,已由6~8m发展到20m以上,如福州新世纪大厦基坑达24m,天津津塔挖深为23.5m,苏州东方之门最大挖深为22m。基坑的平面尺寸也越来越大,如上海仲盛广场基坑开挖面积为 5 万 m², 天津 117 大厦基坑面积为 9.6 万 m², 上海虹桥综合交通枢纽工程开挖面积达 35 万 m² 等。

（二）地铁站基坑

北京、上海、广州、天津、青岛、南京、沈阳等地均有地铁在建, 这些地铁沿线地下车站百余座多采用明挖法施工, 如广州地铁 2 号线海珠广场站基坑最大深度达 26.4m, 上海地铁 4 号线董家渡修复基坑则深达 26.45m。上海徐家汇地铁车站为亚洲最大地铁车站, 开挖基坑宽 23m, 长 660m。

（三）市政工程地下设施基坑

近几年来各地兴建了许多大型市政地下设施。例如, 上海人民广场地下车库和商场, 建筑面积为 5 万 m²; 上海合流污水治理工程彭约浦泵站是目前世界最大的污水治理泵站, 基坑深达 26.45m; 哈尔滨奋斗路地下街长 300m、宽 16m; 屹立在黄浦江畔的亚洲第一电视塔"东方明珠", 基坑深 12.5m, 基底面积约为 2700m²; 石家庄站前街地下商场建筑面积为 4 万 m²; 北京王府井大型三层地下商业街长 780m、宽 40m, 与地铁 4 个车站及东安商场、东方广场的地下室分别相通。

（四）工业基坑

我国目前已有不少规模较大的工业深基坑。例如, 宝钢热轧厂铁皮坑深 32m, 上海世博园 500kV 地下变电站挖深达 34m, 亚洲最高烟囱北仑港电厂 240m 的高烟囱深基坑。

这些深、大基坑通常都位于密集城市中心, 常常紧邻建筑物、交通干道、地铁隧道及地下管线等, 施工场地紧张、施工条件复杂、工期紧迫。这导致深基坑工程的设计和施工难度越来越大, 重大恶性基坑事故不断发生, 工程建设的安全生产形势越来越严峻。

三、基坑工程的内容

基坑工程的内容包括基坑工程勘察、支护结构的设计和施工、基坑土方工程的开挖和运输、地下水位控制、基坑土方开挖过程中的工程监测和环境保护等。基坑工程涉及土力学、基础工程、结构力学、工程结构、施工技术、监测技术等多学科领域, 其理论性和实践性都很强。基坑开挖工艺有两种: 放坡开挖（无支护开挖）和在支护结构保护下开挖（有支护开挖）。前者简单且经济, 在空旷地区或周围环境允许时能保证边坡稳定的条件下应优先选用。但事实上, 在城市中心地带、建筑物稠密地区很难具备放坡开挖的条件。

因为放坡开挖需要基坑平面以外有足够的空间供放坡之用，如果在此空间内存在临近建（构）筑物基础、地下管线、运输道路等，则都不允许放坡，此时就只能采用在支护结构保护下进行垂直开挖的方法。如果采用在支护结构保护下开挖基坑，则基坑工程的费用要增加，一般工期亦要延长。但在一定条件下又是必需的，因此对基坑工程支护结构应进行精心的设计和施工。

对地下水位较高的软土地区，基坑工程支护结构一般都要求降水或挡水。在开挖基坑土方过程中坑外的地下水在基坑工程支护结构阻挡下，一般不会进入坑内。但基坑土方本身有较高的含水率，在软土地区往往呈饱和状态，该类地区的深基坑工程在坑内一般都采取帷幕止水措施，以便基坑土方开挖和有利于保护环境。

四、我国基坑工程的特点

基坑是建筑工程的一部分，其发展与建筑业的发展密切相关。由于我国地少人多，人均土地面积还不及世界人均土地面积的 1/10，为节约土地，建筑业向空间和地下发展，许多高层建筑拔地而起。适当发展多层和高层，向空中和地下发展，是解决我国城镇土地资源紧张的一条重要出路。随着城镇建设中高层及超高层建筑的大量涌现，深基坑工程越来越多。密集的建筑物，以及基坑周围复杂的地况，使得传统的边坡开挖这一施工技术受到限制。因此，深基坑的开挖与支护受到社会各界的关注，特别是工程界的重视。尤其是 20 世纪 90 年代以来，基坑开挖与支护问题已成为我国工程界的热点与难点问题之一。随着基坑工程规模、分布数量的急剧增加，同时所暴露的问题也日渐增多和严重。总体来看，目前我国基坑开挖与支护状况具有以下特点。

①基坑越挖越深。随着城市人口的急剧增加，城市土地资源日益紧张，为了在有限的土地上创造最大限度的经济收益，建筑投资者不得不向空间发展。20 世纪 80 年代以前，即使是在大城市，高层建筑的数量也是屈指可数，1~2 层的地下室也不普遍，在中等城市，更是少见。现在大城市，高层、超高层建筑鳞次栉比，地下室已发展为 3~4 层，所以，基坑深度有许多已大于 10 m，个别的已超过 30 m。

②工程地质条件和施工环境越来越差。随着经济的高速发展，高层、超高层建筑如雨后春笋，数量急剧增长，而且主要集中在市区繁华地段。城市建设往往要根据城市规划部门的安排，因此其区域可选性越来越小，在有些情况下，地质条件可选性差。这种情况下，在深基坑施工过程中，不仅要保证本基坑的作业安全，还要保证周围其他建筑、道路、管线的正常运营。

③基坑工程支护方法多。随着基坑工程支护技术和理论的日益成熟，以及基坑工程支护经验的不断交流，新的基坑工程支护方法层出不穷。例如，人工挖孔桩、预制桩、深层搅拌桩、地下连续墙、钢支撑、木支撑、抗滑桩、拉锚、注浆、喷锚挂网支护等，各种桩、板、墙、锚杆及土钉墙的联合支护等，应有尽有，各显神通。

④基坑工程事故多。此问题在建筑界显得异常突出，边坡与基坑工程事故危及四邻安全；给周围群众的生产、生活带来很大的不便，影响居民的正常生活；造成市政交通堵塞。深基坑事故的屡屡发生，给国家和人民的生命财产造成了很大损失。

⑤对基坑工程的时空效应与环境效应重视不够。基坑的深度和平面形状对基坑围护体系的稳定性和变形有较大的影响，空间效应的存在使基坑工程支挡结构所受土压力与经典土压力有较大的不同，在基坑围护体系设计和施工中要注意工程的空间效应，并加以利用。此外，基坑工程的开挖势必引起周围地基中地下水位的变化和应力场的改变，并导致周围地基土体的变形，进而对相邻建筑、构筑物及地下管线产生影响。目前，人们对这两点重视不够。因此，对基坑工程的空间效应与环境效应应予以重视。

⑥深基坑技术有待于尽快发展提高，以适应当前工程的需要。当前深基坑开挖支护工程已发展到以深、大、复杂为特点的新时期，特别是沿海地区，地下水位较高，深基坑工程施工工艺有待于进一步的研究和发展。

第二节 基坑工程的发展趋势

一、基坑工程的发展概况

基坑工程是一个古老而又具有时代特点的岩土工程课题，同时也是一个综合性的岩土工程难题，既涉及土力学中典型的强度、变形与稳定问题，又涉及土与支护结构的共同作用。事实上，人类土木工程的频繁活动促进了基坑工程的发展。特别是进入21世纪后，随着西方一些国家大量高层、超高层建筑以及地下工程的大量涌现，对基坑工程的要求越来越高，随之出现的问题也越来越多，迫使工程技术人员须从新的角度去审视基坑工程这一古老课题，这使得许多新的经验、理论或研究方法得以出现与成熟。

第二次世界大战后的20多年间，欧美地区的发达国家在重建家园的需要和工业化进程的推动下，为兴建高层和超高层大厦，以及修建城市地铁而出现了大量的基坑工程，基坑工程支护技术的研究随之开展起来。对深基坑工程中的岩土工程问题最早提出分析方法的是泰尔扎吉等，他们早在20世纪40年代，已开始研究基坑工程中的岩土问题，提出了预估挖方稳定程度和支撑荷载大小的总应力法。这之后，世界各国的许多学者都投入了大量研究，并在这一领域取得了丰硕的成果。50年代，有学者给出了分析基坑坑底隆起的方法。60年代开始在奥斯陆和墨西哥城的软黏土深基坑工程中使用仪器进行监测，这提高了基坑预测的准确性，并从70年代，产生了相应的指导开挖基坑的法规。

基坑工程在我国起步较晚，大范围的广泛研究始于20世纪80年代初，那时我国的改革开放正方兴未艾，基本建设如火如荼，高层建筑不断涌现，相应的基础埋深不断增加，基坑开挖深度也随之增加；进入90年代中后期以后，大多数城市都进入了大规模的旧城改造阶段，在繁华的城区内进行深基坑的开挖给基坑工程这一古老的课题注入了新的内容和更大的挑战，那就是如何控制深基坑开挖的环境效应问题，从而进一步促进了深基坑开挖技术的研究与发展，与此同时产生了许多先进的设计、计算方法，即众多新的施工工艺也不断付诸实施，出现了许多技术先进的成功工程实例。然而，不容回避的事实是，由于基坑工程的复杂性及设计、施工的不当，基坑工程发生事故的概率仍然很高。

二、基坑工程的发展趋势

（一）规模化发展趋势

基坑工程的发展反映在基坑工程本身的规模、支护体系设计理论的发展、施工技术和监测技术的进步等方面。深基坑工程中的"深"已经在规模上反映了基坑工程的发展方向。随着高层和超高层建筑的发展和人们对地下空间的开发和利用日益增多，深基坑工程不仅数量会增多，而且会向更大、更深的方向发展。

（二）时空效应得到重视

深基坑工程设计理论发展的关键是如何正确计算作用在支护结构上的土压力。常规基坑工程设计中土压力一般取静止土压力或极限状态下的主动土压力和被动土压力，而作用在基坑工程支护结构上的实际土压力一般介于它们之间。实际土压力与基坑工程支护结构位移、空间形状有关，而且还与土体扰动、固结、蠕变有关。人们将重视发展考虑空间效应和时间效应的土压力理论。另外，在基坑工程支护结构设计中人们将更加重视考虑土与基坑工程支护结构相互作用，以及土与基坑工程支护结构变形的正确估算。

(三)基坑工程支护结构选型合理化发展趋势

基坑开挖及基础工程的费用,在整个工程成本中占有很大的比例。合理选择基坑工程支护形式,采取相应的施工工艺,协调好安全、经济、可行三者之间的关系,是岩土工程界进行深基坑支护设计的关键。深基坑地基土的类别、地下水位的高低,以及周边环境等,都是深基坑支护结构选型时需要考虑的十分重要的因素。如果基坑工程支护结构形式选择合理,就可以做到整个基坑及整个建筑物的安全可靠,还可以带来可观的经济效益与社会效益;如果基坑工程支护结构形式选择不合理,不但会危及基坑及整个建筑物的安全,还会影响周边环境。所以,基坑工程发展的一个必然趋势就是如何使基坑工程支护结构选型更加合理。

(四)信息化发展趋势

鉴于深基坑工程事故的增多,以及由此造成的严重的损失,因此在今后应该大力普及信息化施工。实现信息化施工,可以通过计算机对基坑施工过程中的变形进行监测,从而提供基坑工程支护体系及环境的受力状态及变形数据。通过分析数据,适时地进行加固,以实现毫米级的变形控制,从而保证基坑工程的稳定安全,发挥它真正的作用。

(五)环保的发展趋势

大量深基坑工程集中在市区,施工场地狭小,施工条件复杂,如何减小基坑开挖对周围建(构)筑物、道路和各种市政设施的影响,发展控制基坑开挖扰动环境的理论和方法将引起人们进一步的关心与重视。人们将更加重视深基坑工程对周围环境的影响研究,包括基坑开挖前周围建筑及市政设施的初始应力场、位移状态的调查评价,基坑开挖对它们引起的附加应力的计算,以及它们抵抗破坏的能力与受害等级的划分等。

(六)基坑工程的新技术

①人工冻结围护深基坑技术。通过在拟开挖场地周围土体中插入冻结管,以冻结土体形成具有一定结构强度的墙体作为基坑施工的围护结构。该技术具有土体强度大、防渗性好、适应性强、环境影响小等优点。目前,国内许多常规基坑工程支护方法的基坑都不同程度地处理过基坑失稳倒塌事故,事故造成了巨大经济损失。而人工冻结施工的冻结墙体兼具结构强度和防渗性双重作用,特别是对于挖深超过 10 m 的深基坑,其造价显著低于常规方法,而且效果很好。此方法在国外广泛使用,目前国内采用还很少,应该大力推广,以促进我国基坑工程技术的发展。

②劲性水泥墙（soil mixing wall，SMW）工法。20世纪70年代其在日本问世，又称劲性水泥土搅拌桩，是把水泥土的止水性能和芯材（一般为H形钢，也可为混凝土等其他劲性材料）的高强度特性有效地组合而成的一种抗渗性好、刚度高、经济的围护结构。如何考虑桩体组合结构的复合刚度，在确保工程安全性基础上最大限度地利用SMW刚度是工程设计中的一个难点。

第三节　基坑工程支护的主要内容

一、基坑工程支护的原则

基坑工程支护体系的选用要遵循安全、经济、方便施工及因地制宜的总原则。

安全不仅指基坑工程支护体系本身安全，保证基坑开挖地下结构施工顺利，还要保证临近建（构）筑物和市政设施的安全和正常使用。经济不仅是指基坑工程支护体系的工程费用是否经济，还应考虑工期、挖土是否方便和安全，储备是否足够，应综合分析，确定该方案是否经济合理。方便施工应以降低挖土费用，节省工期提高该支护体系的可靠度为目的。传统上，一般都是以结构重要性系数作为基坑工程支护结构稳定性评价指标的。基坑工程支护体系一般为施工过程中的临时构筑物，设计中不宜盲目增大重要性系数，但适当的安全储备还是需要的。当重要性系数取1.0时，对某一特定的工程可能是安全的，但宏观地看，对某一个地区，工程事故的数量就可能不减少。从安全与经济两方面考虑，可以在采用较小的安全储备条件下，在施工过程中加强监测，并备有应急措施，以保证在事故苗头出现时，采取措施，确保安全施工。基坑侧壁安全等级及重要性系数的选取见表2-1。

表2-1　基坑侧壁安全等级及重要性系数

侧壁安全等级	破坏后果	重要性系数
一级	基坑工程支护结构破坏，土体失稳或过大变形对基坑周边环境及地下结构施工影响严重	1.10
二级	基坑工程支护结构破坏，土体失稳或过大变形对基坑周边环境及地下结构施工影响一般	1.00
三级	基坑工程支护结构破坏，土体失稳或过大变形对基坑周边环境及地下结构施工影响不严重	0.90

应该指出的是表2-1中的重要性系数只是一个由确定的方法得到的定值，它未能考虑设计参数中任何内在的变异性，而实际上，重要性系数是一个由设计因素的变异性决定的随机变量，应该用可靠度理论来更好地解决安全性问题。

二、基坑支护的方法

（一）基坑开挖

基坑工程是基坑开挖、支护结构施工及地下水控制的系统工程，基坑开挖对周边环境的影响，甚至基坑工程的安全都非常重要。即使同样类型的基坑，采用相同的设计方法和支护结构，但由于土方开挖的方法、顺序不同，支护结构的位移和对环境影响的程度也会存在较大差异。"及时支撑、先撑后挖、分层开挖、严禁超挖"，是大量深基坑工程设计与施工的实践经验总结，也是深基坑开挖应遵循的基本原则。在大面积深基坑工程中，深基坑开挖过程的时空效应十分明显。土方开挖方式应结合基坑规模、开挖深度、平面形状及支护设计方案综合确定。

基坑应分层进行土方开挖，分层位置应结合支护体系的特点确定，如多级放坡的分级位置、锚杆、土钉、内支撑或结构梁板的标高位置等，必要时还可在以上分层的基础上进一步细分。对于平面面积较大的基坑工程，土方开挖应分段、分块进行。

土方分块时应考虑主体结构分缝、后浇带位置、现场施工组织等因素，土方分块开挖宜间隔、对称进行，开挖到位的区块应及时进行支撑（锚杆）施工或形成垫层，以减少基坑周边支护结构的无支撑暴露长度。

按照分块开挖的顺序不同，深基坑开挖的方式可分为分段（块）退挖、岛式开挖和盆式开挖等，现场应根据支护布置形式确定合理的开挖方式。基坑开挖方式的不同对周边环境的影响也有所不同：岛式开挖更有利于控制基坑开挖过程中的中部土体的隆起变形；盆式开挖则能够利用周边的被动区留土，在一定程度上减少支护结构的侧向变形。

土方开挖产生的渣土应及时外运出场至指定地点，不应在基坑开挖过程中在基坑周边设置大面积的填土堆载。确需进行坑外堆载时，应经过复核并对相应的基坑工程支护体系进行加强后方可实施。土方开挖后，应及时跟进支撑或垫层的施工，控制无支撑暴露时间，以有利于控制支护结构的变形和基坑内部的隆起变形，减少对周边环境的影响。

（二）基坑支护结构

基坑支护结构的传统方法是采用板桩支撑系统或板桩锚拉系统进行支护的。经过多年的探索与工程实践，目前我国基坑工程所采用的支护结构形式多样，按受力性能大致可分为五大类，即悬臂式支护结构、重力式支护结构、锚喷（网）支护结构、单（多）支点混合支护结构及拱式支护结构。

（三）地下水控制

地下水控制与基坑工程的安全及周边环境的保护都密切相关。在地下水较高的地区，基坑降水（降压）配合排水是为了满足基坑工程安全和方便现场施工的需要，隔水是出于对环境保护的考虑。这些都将直接关系基坑工程的成败，因此地下水控制是基坑工程的设计和施工必须要考虑的重要问题。

地下水控制主要有以下三种处理方式：降水、排水和隔水。其中，降水是深基坑开挖过程中最为常见的地下水处理方式，目的是降低地下水位、增加边坡稳定性、给基坑开挖创造便利条件；当基坑开挖到基底高程时，承压含水层覆土的重量不足以抵抗承压水头的顶托力时，需要降压以防止坑底突涌。降水系统的有效工作需要通畅的排水系统，但除了将坑内抽的地下水及时排出外，排水系统还包括对地表明水、开挖期间的大气降水等的及时排除。为避免降、排水造成地面沉降，影响周边建筑物、市政管线的正常使用，需要设置隔水（止水）帷幕，切断基坑内外的水力联系和补给，既避免坑外的水位下降，也能够有效减少坑内降水的水量。这三种地下水处理方式，作用不同，在基坑工程中常常需要组合使用，才能保护地下水处理的合理、可行、有效的实施。

三、基坑工程支护的结构选择

基坑工程支护结构选型时，应综合考虑下列因素：①基坑深度；②土的性状及地下水条件；③基坑周边环境对基坑变形的承受能力及支护结构一旦失效可能产生的后果；④主体地下结构及其基础形式、基坑平面尺寸及形状；⑤基坑工程支护结构施工工艺的可行性；⑥施工场地条件及施工季节；⑦经济指标、环保性能和施工工期。

基坑工程支护结构可根据基坑周边环境、开挖深度、工程地质与水文地质、施工作业准备和施工季节等条件按表2-2选用，或采用表2-2中几种形式的组合。场地空旷、土质条件合适时可选择放坡开挖。

表 2-2　基坑支护的典型结构及适用条件

支护结构形式	适用条件
排桩或地下连续墙	适于基坑侧壁安全等级一、二、三级； 悬臂式结构在软土场地中不宜大于 5m； 当地下水位高于基坑底面时，宜采取降水、排桩加隔水帷幕或地下连续墙
双排桩	适于基坑侧壁安全等级一、二、三级； 由于双排桩刚度大，位移小可用在基坑较深时，不用拉结和锚杆，比单排桩既快又省成本
水泥土墙	基坑侧壁安全等级宜为二、三级； 水泥土墙施工范围内地基土承载力不宜大于 150kPa； 基坑深度不宜大于 6m
土钉墙	基坑侧壁安全等级宜为二、三级的非软土场地； 基坑深度不宜大于 12m； 当地下水位高于基坑底面时，宜采取降水或隔水措施
逆作拱墙	基坑侧壁安全等级宜为二、三级； 淤泥和淤泥质土场地不宜采用； 拱墙轴线的矢跨比不宜小于 1/8； 基坑深度不宜大于 12m； 当地下水位高于基坑底面时，宜采取降水或隔水措施
放坡	适于基坑侧壁安全等级宜为三级； 施工场地应满足放坡条件； 可独立或与上述其他结构结合使用； 当地下水位高于坡脚时，宜采取降水措施

第三章　边坡的稳定性分析

边坡稳定性是指边坡岩土体在一定坡高和坡角条件下的稳定程度。在很多时候，边坡的稳定性都是不高的，特别是人工开挖或填筑的坡体。这些坡体在本身重量及其他外力作用下，整体都有从高处向低处滑动的趋势，如果其内部某一个面上的滑动力超过坡体抵抗滑动的能力，就会发生滑坡，造成经济损失和人员伤亡。研究边坡稳定性的目的是预测边坡失稳的破坏时间、规模，以及危害程度，事先采取处治措施，预防或减轻地质灾害，使人工边坡达到安全、经济的目的。

第一节　边坡稳定性的影响因素及其分析方法

一、边坡稳定性的影响因素

边坡岩体的稳定性受多种因素的影响，可分为内部因素和外部因素。内部因素主要包括边坡岩体的地层与岩性、地质构造、岩土体结构、地应力及水的作用等；外部因素主要包括边坡形态、风化作用、地震、植被作用及人为因素的影响等。研究分析影响边坡稳定性的因素，特别是研究影响边坡变形破坏的主要因素，是边坡稳定性分析和边坡防治的一项重要任务。

（一）内部因素

1. 边坡岩土体地层与岩性

地层与岩性是决定边坡工程地质特征的基本因素，也是研究边坡稳定性的重要依据。地层与岩性的差异往往是影响边坡稳定的重要因素。

所谓岩性是指组成岩石的物理、化学、水理和力学性质，这些性质的变化或改变，在一定程度上影响着边坡的稳定。有的边坡是整体性好、坚硬、致密、强度高的块状或厚层状岩土体，此类岩土体可以形成高数百米的陡立边坡而不垮塌；而在整体性差、松散、破碎、强度低的岩土体中，边坡坡度较缓也有可能失稳。例如，黄土边坡在干燥条件下可以直立不溃，但在淤泥或淤泥质软土地段，由于淤泥的塑流变形，边坡则难以形成。因此，由某些岩性组成的边坡在干燥时或在天然状态下是稳定的，一经水浸，特别是岩体在饱水条件下，岩土体强度会显著降低，边坡往往会出现失稳。

2. 地质构造

地质构造主要包括区域构造、边坡地段的褶皱形态、岩层产状、断层和节理裂隙发育情况等。边坡地质构造对岩质边坡的影响十分明显。在区域构造情况复杂、褶皱严重、新构造运动活跃的地区，边坡极易失稳。同时，边坡地段的岩层褶皱形态和岩层产状直接影响边坡变形破坏的形式与规模，断层和节理裂隙对其影响更为明显，某些断层或节理本身就构成滑面或滑坡的周界面。

当节理倾向与边坡坡向一致时，节理对边坡稳定性影响较大：若节理倾角较大，边坡岩体容易顺节理面崩塌或塌滑；若节理倾角较小，节理沿平剖面延伸较长时，则极易产生大型滑坡灾害，从而造成边坡整体失稳。而当节理倾向与边坡坡向正好相反时，节理对边坡稳定性的影响则骤然降低。

3. 岩土体结构

近年来，在岩土体强度及其稳定性的研究中，岩土体结构面被认为是非常重要的影响因素。岩土体结构面强度比岩石本身强度低很多，岩土体中存在结构面，往往会降低岩体的整体强度，增大岩土体的变形性和流变性，形成岩土体的不均匀性和非连续性。根据岩块强度计算稳定的岩土体边坡高数百米，然而岩土体内含有不利方位的结构面时，高度不大的边坡也可能发生破坏。大量边坡的失事证明：一个或多个岩土体结构面组合边界的剪切滑移、张拉破坏和错动变形是造成边坡岩土体失稳的主要原因。

从边坡稳定性考虑，对于岩土体结构面的研究要特别注意下列特征，即结构面的成因类型、结构面的组数和数量、结构面连续性及其间距、结构面的起伏度及粗糙度、结构面的表面结合状态及充填物、结构面的产状及其与边坡临空面的关系等。这些特征及其组合将对边坡稳定状态、可能的滑落类型、岩体强度等起着重要的影响。

4. 地应力

地应力是控制边坡岩体节理裂隙发育及边坡变形特征的重要因素，开挖边坡会改变边坡的形态，使边坡岩体的初始应力状态发生改变，坡趾出现剪应力集中带，坡顶与坡面的一些部位可能出现张应力区；在新构造运动强烈的地区，开挖边坡会使岩体的残余构造应力得以较快释放，从而直接引起边坡变形破坏。

5. 水的作用

水对边坡岩体稳定性的影响是多方面的，并且是非常活跃的。大量事实证明，大多数边坡岩土体的破坏和滑动都与水的作用有关。在某些地区的冰霜解冻和降水季节，滑坡事故较多，这足以说明水是影响边坡岩土体稳定性的重要因素。岩土体中的水大部分来自大气降水，因此，在低纬度湿热地带，因大气降水频繁，地下水补给丰富，水对边坡岩土体稳定性的影响就比干旱地区更为严重。

处于水下的透水边坡岩土体将承受水的浮托力，而不透水的边坡岩土体坡面将承受静水压力，充水的张裂隙将承受裂隙水静水压力的作用；地下水的渗透流动将对边坡岩土体产生动水压力。另外，水对边坡岩土体将产生软化、侵蚀等物理化学作用，而水流的冲刷也直接对边坡产生破坏。

（二）外部因素

1. 边坡形态

边坡的外形影响边坡的稳定性，其走向的表面形状不同，会影响边坡岩土体内的应力性质。凸形边坡的岩土体鼓出，两侧受拉应力影响，稳定性较差。凹形边坡则因为边坡岩土体表面处于双向受压状态，稳定性较好。同时，凹形边坡的边坡等高线曲率半径越小，越有利于边坡稳定。圆形封闭圈的边坡比相同地质条件下的矩形封闭圈的边坡稳定；而矩形封闭圈的纵向长度越大，边坡稳定性也就越差。

2. 风化作用

风化作用不断改造着边坡的形状和坡度，使岩土体的裂隙增多、扩大，抗剪强度降低，透水性增强。岩土体沿裂隙风化往往造成岩土脱落或沿坡崩塌、堆积、滑移等情况。

风化速度对边坡安全性的影响较为显著。根据野外观察和室内试验的结果，当边坡坡向与地层倾向相同时，大气降水趋于顺地层层面流失，降水下渗量少，边坡整体风化程度偏低；反之，边坡整体风化程度较高。另外，风化速度还受岩性控制，软质岩边坡容易变形、失稳。

3. 地震

地震往往伴随有大量的边坡失稳，对边坡稳定性影响极大。地震的影响主要表现在累积效应和触发效应两个方面，前者主要表现为地震作用引起边坡岩土体结构松动，破裂面、弱面错位和孔隙水压力累积上升等，而后者主要表现为地震作用造成边坡中软弱层的触变液化及使处于临界状态的边坡瞬间失稳。

地震导致边坡失稳，是由于地震惯性力和地震产生的超静孔隙水压力共同作用的。不同的边坡破坏类型，导致边坡动力失稳的主导因素也不同。一般来讲，塑性流动失稳破坏是孔隙水压力的累积作用起主导作用；崩塌型、层体弯折型是地震惯性力起决定作用的；而后发型边坡失稳，则是地震的累积效应导致边坡岩体力学参数的降低，为后来的外地质营力创造了条件，最终导致边坡失稳破坏。

4. 植被作用

植被类型和植被覆盖率对于边坡稳定性也具有一定的影响。坡面植被覆盖率越高，特别是植被类型是以根系发育较深的乔木为主时，越有利于表层风化层土壤的固定，越能有效地抑制坡面的水土流失，边坡稳定性也就越高；反之，若坡面植被覆盖率越低，植被类型又是以根系发育较浅的草本或灌木为主时，松软的表层在降水时容易遭受土壤侵蚀，泥石流和滑坡的发生概率增大，边坡稳定性也就较差。一般而言，与有植被覆盖的边坡相比，直接裸露地表的边坡的稳定性要差得多。

5. 人为因素

人为因素指的是在工程建设或生产建设中，因为对影响边坡稳定性的因素认识不足，所以会造成人为破坏边坡的情况，如破坏坡脚、挖空坡脚、坡顶欠挖及在坡眉附近设有各种建筑物和排土场等。这些行为往往会加大边坡上的承载重量，增加边坡岩体的下滑力，以致发生滑坡。一般情况下，当这些外部荷载超过可能滑动体的岩体重量的 5% 时，就应在稳定性的定量分析中考虑它可能带来的影响。显然，考虑到边坡岩土体的稳定性，这种外载荷是应该避免或加以限制的。

二、边坡稳定性分析方法

边坡稳定性研究的历史由来已久，最早涉及边坡稳定问题的是英国学者赖尔。他在其所著的《地质学原理》一书中首次提及滑坡，并认为是地下水作用的结果。此后，因为边坡稳定性研究具有理论意义和实际价值，所以凡是涉及地质问题的工程学科几乎都要开展边坡稳定性研究，特别是工业与民用建筑工程、水利水电工程、道路工程、矿山工程和国防工程等都广泛开展了边坡稳定性研究，并取得了宝贵的经验和丰硕的成果。

边坡稳定性的常用分析方法很多，不同的方法又各具特点和特定的适用条件，但普遍的步骤都大致相同，即实际边坡→力学模型→数学模型→计算方法→结论。其核心内容是力学模型、数学模型和计算方法的研究，即边坡稳定性分析方法的研究。一般来说，边坡稳定性分析方法可分为三大类，即定量分析方法、定性分析方法和非确定性分析方法。

（一）定量分析方法

定量分析方法是通过力学原理对边坡进行稳定性分析，主要包括3种方法：解析法、数值分析法。极限平衡法是最常用的解析法，它是根据边坡上的滑体和滑体分块的力学平衡原理分析边坡各种破坏模式下的受力状态，以及边坡滑体上的抗滑力和滑动力之间的关系来评价边坡的稳定性的。数值分析法是边坡工程中较为有效的分析手段，因为其具有更强的灵活性及能够更好地适应岩土工程问题的复杂性，所以数值分析越来越多地应用于边坡稳定及变形问题的分析中。岩土工程数值分析法主要有：有限单元法、离散单元法、非连续变形分析方法、快速拉格朗日分析法、数值流形方法、界面元方法、无单元法等。

其中，极限平衡法是定量分析方法中应用最广泛的方法。极限平衡法是将边坡稳定问题当作刚体平衡问题来研究的，因此它有以下基本假定。

①将组成滑坡体的岩块视为刚体，可用理论力学原理分析岩块处于平衡状态时必须满足的条件。

②滑动面可简化为圆弧面、平面或折面。在稳定性分析中，将其简化为仅有单一滑面的简单滑坡。

③假设滑坡体沿滑动面或沿块体之间的错动面处于极限平衡状态，即作用于滑动面上的力满足莫尔屈服准则。

上述基本假设完全可以确定稳定性分析中所出现的未知数。但在复杂状态下，如滑坡体被结构面分割成几何性质比较复杂的岩块时，仅凭刚体极限平衡法中的基本假定已无法确定数目较多的未知数。因此，必须在基本假设之外，再根据具体情况增添若干补充假定，在这些补充假定中，有的假定岩块之间接触面上作用力的方向，有的假定接触面上作用力的分布，也有的假定该作用力的位置，等等。由于分析的观点不同，采用补充假定的方式也不同，因此，在刚体极限平衡法中，又派生出各种不同类型的解法。尽管这些方法的名称不同，采用的补充假设各异，但方法之间并无实质性差异。

随着计算技术的发展，近年来出现了极限平衡法与有限单元法相结合的边坡稳定性分析方法，如强度折减法。该方法主要采用对土体强度不断进行折减，直至土体内的应力达到极限平衡状态，然后通过折减量求取安全系数。

（二）定性分析方法

定性分析方法能综合考虑影响边坡稳定性的多种因素，并可快速地对边坡的稳定状况及其发展趋势做出评价，主要方法有工程地质分析法、边坡稳定性分析数据库和专家系统法及图解法等。其中，工程地质分析法在实际工程中较为常用，即对自然的极限山坡和已成型的人工边坡进行调查，根据当地的地质构造、地层、岩性、水文地质条件等，分析和推断将要开挖边坡的稳定性，因为自然的极限边坡和已成型的人工边坡是经受了时间考验的，具有较高的参照意义。

（三）非确定性分析方法

非确定性分析方法是指将耗散结构、协同学、突变理论、分形理论、神经网络理论等非线性科学理论引入到边坡工程分析中分析的方法。其主要方法有模糊综合评价法、可靠度评价法、灰色系统评价法、人工神经网络分析方法等。

边坡稳定性分析应遵循以定性分析为基础，以定量计算为重要辅助手段进行综合评价的原则。因此，根据工程地质条件、可能的破坏模式及已经出现的变形破坏迹象，对边坡的稳定性状态做出定性判断，并对其稳定性趋势做出估计，这是边坡稳定性分析的重要内容。

第二节　边坡稳定性计算

一、边坡稳定性计算概述

边坡稳定性分析和计算是边坡研究的核心问题，目的是确定经济合理的边坡组成或分析已有边坡的稳定程度，为拟订边坡的加固措施提供可靠的依据。边坡稳定性问题在工程建设中是经常遇到的，如铁路或公路的路堑边坡、隧道进出口边坡、水库的岸坡、渠道边坡、拱坝坝肩边坡及露天矿最终边坡等，都涉及稳定性问题。边坡的失稳，轻则影响施工进度和工程质量，重则造成人身事故与国民经济的重大损失。因此，不论属于哪种类型的岩土工程，保证边坡稳定、防止边坡失稳都是必须考虑的重点问题。

在工程设计中，对边坡稳定性的判断习惯上采用边坡稳定安全系数来衡量。最初的安全系数概念来源于极限平衡法中的条分法，是用滑裂面上全部抗滑力矩与滑动力矩之比来定义的。20 世纪 50 年代，毕肖普等明确了土坡稳定安全系数的定义，将土坡稳定安全系数 F_s 定义为沿整个滑裂面的抗剪强

度 τ_f 与实际产生的剪应力 τ 之比，即 $F_s = \tau_f / \tau$

该定义不仅使安全系数的物理意义更加明确，而且使使用范围更加广泛。但是由于现实状况下岩坡的稳定性受到不同因素的影响，因此对岩坡进行稳定性分析时，应将岩坡分为平面滑坡和空间滑坡两种情况。严格地讲，位于滑坡面上的滑坡体都是空间块体，因此，在多数情况下，应按空间滑坡进行分析。但对单一平面所构成的滑面，或者滑面虽由两个或更多平面构成，只要这些平面的走向大致平行，而滑坡体的两侧不受约束或约束不大，则可按平面滑动进行分析，否则按空间滑动考虑。

二、边坡平面滑动稳定性计算

（一）单一滑动面

1. 坡顶面为斜面

在坡顶面为斜面的岩体中，仅有单一软弱面 AB 存在，由它所切割的滑动体 ABC 如图 3-1 所示，从图中几何关系可计算滑坡体的重力 W 为

$$W = \frac{1}{2} \gamma h L \cos\alpha$$

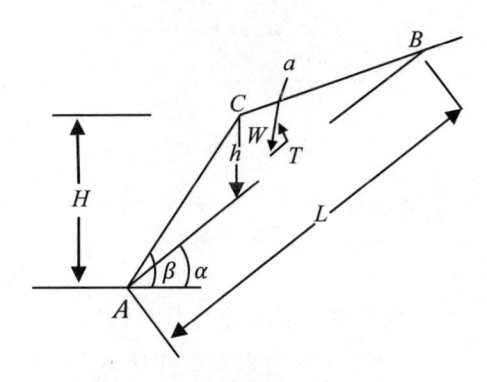

图 3-1　单一滑动面的滑坡情况

式中，γ 为滑坡体的容重；L 为滑动面长度；h 为滑坡体高度，即自坡顶沿铅垂线方向量至滑动面的距离。

沿滑动面促使滑坡体 ABC 向下滑动的下滑力（T）和阻止其下滑的抗滑力（T'）分别为

$$T = W \sin\alpha \tag{3-1}$$

$$T' = W \cos\alpha \tan\varphi + CL \tag{3-2}$$

式中，C 为滑动面上的内聚力；φ 为滑动面上的内摩擦角。

由此可得安全系数 n 为

$$n = \frac{T'}{T} = \frac{W\cos\alpha \tan\varphi + CL}{W\sin\alpha} \tag{3-3}$$

$$n = \frac{\tan\varphi}{\tan\alpha} + \frac{CL}{W\sin\alpha} \tag{3-4}$$

将 W 值代入可得

$$n = \frac{\tan\varphi}{\tan\alpha} + \frac{4C}{\gamma h \sin 2\alpha} \tag{3-5}$$

2. 坡顶面有张裂隙

边坡沿某一倾斜平面发生滑动如图3-2所示。滑动时应具备下列条件。

①滑动面走向与边坡走向平行或近于平行。

②滑动面应在坡面上出露,滑动面倾角 α 小于坡面角 β,大于该面的内摩擦角 φ,即有 $\beta > \alpha > \varphi$。

③滑坡体两侧有割隙面,其对滑坡体的侧阻力很小,可忽略不计。

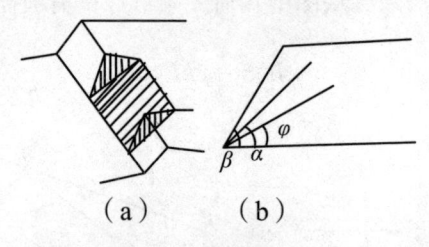

（a）　　（b）

图3-2 平面滑动

（二）两个及以上滑动面

1. 两个滑动面

由两个滑动面组成的滑坡体,其稳定性分析远比单一滑动面的情况复杂,这种滑坡体的稳定性分析中所涉及的未知数往往多于所能建立的方程总数。因此,在稳定性分析的具体计算时常需增设若干补充条件。当然,提出这些条件时,既要考虑反映岩坡的实际情况,又要使计算过程简化,由于对提出补充条件的观点不同,因而也形成了各种不同的解题方法。

（1）滑坡体中不存在软弱面

当滑坡体比较完整,其内部无软弱面存在时,可将滑坡体视为刚体进行分析,如图3-3所示。设刚体的重量为 W,AB 为上滑动面,BC 为下滑动面,其倾角分别为 α_1 和 α_2,各滑动面的法向力和切向抗滑力分别以 N_1、N_2 与 T_1'、T_2' 表示,而各滑动面的抗滑力显然是由该滑动面上的摩擦力与内聚力组成的,于是上滑动面 AB 上的抗滑力 T_1' 为

$$T_1' = f_1 N_1 + c_1 S_1 \quad (3\text{-}6)$$

下滑动面 BC 上的抗滑力 T_2' 为

$$T_2' = f_2 N_2 + c_2 S_2 \quad (3\text{-}7)$$

式中，f_1、f_2 分别为 AB 面与 BC 面上的摩擦系数；c_1、c_2 分别为 AB 面与 BC 面上的内聚力；S_1、S_2 分别为 AB 面与 BC 面的面积。

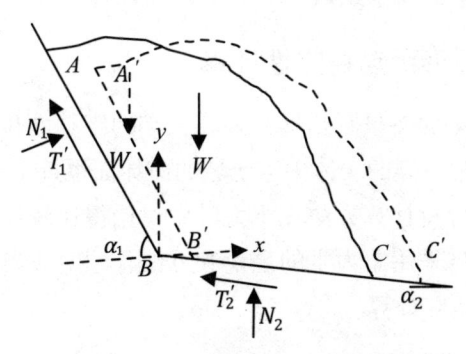

图 3-3　两个滑面所形成的滑坡

（2）滑坡体中存在软弱面

滑坡体中有软弱面存在时，如图 3-4 中的 BD 面，那么在稳定性分析中就不能将滑坡体视为完整的刚体。因为在滑动过程中，滑坡体除沿滑面滑动外，同时在软弱面所分割的两块体之间也会产生错动。显然沿弱面的这种错动现象，在稳定性分析中必须予以考虑。设作用于软弱面上的法向力为 N、切向力为 T'，而 N 与 T' 是未知数，因此，在稳定性分析中需对此二力之间的关系做某些假定。这些假定主要有

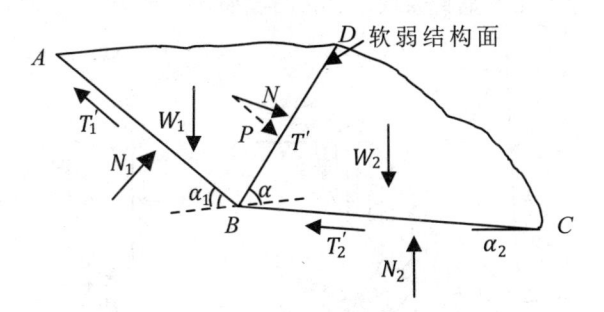

图 3-4　滑坡体内存在软弱面时的稳定分析

①假定 N 与 T' 二力满足极限平衡条件。
②假定此二力的合力 P 的方向与某一滑面平行。
③假定此二力合力 P 与软弱面的法线相交为其内摩擦角。

从形式上看，每一假定都有各自的特点，最终所得结果可能有较大差异，

但只要掌握其中一二种解法的原理，其他解法都是大同小异的，其中分块极限平衡法、不平衡推力迭代法、等安全系数法是较为常用的计算方法。

2. 两个以上滑动面

由两个以上滑动面所构成的滑坡体，其安全系数的计算原则与前述的方法基本相同，因此，分块极限平衡法、不平衡推力迭代法和等安全系数法都可用来计算这种岩坡的安全系数。

三、边坡圆弧形滑动稳定性计算

土坡滑动的滑动面多呈圆弧形，如露天矿的废石堆和尾矿坝的圆弧形破坏，在强风化或非常破碎的岩体中，土坡的破坏面也近于圆弧状。

圆弧形滑动的分析计算方法在土力学中讨论得比较详尽。岩石边坡的圆弧形滑动，目前同样采用土力学的理论和方法，同时适当考虑岩土体的一些特征进行稳定性分析与计算。

（一）圆弧形条分法

圆弧形条分法是土坡稳定性分析的一种比较简单而实用的方法。此法由瑞典费兰纽斯（W. Fellenius）首创，故也称瑞典法。这种方法认为边坡土体的滑动属于平面问题，并假定滑动面为圆弧形，其位置和安全系数要通过反复试算确定，计算中不考虑条块间的作用力。因为计算比较简便，所以在土体边坡稳定性分析与计算中仍广泛应用。

使用圆弧形条分法进行计算时，第一，在已给出的边坡上，任意作一通过坡脚的圆弧面 $\stackrel{\frown}{AC}$，其半径为 R，以此圆弧面作为可能的滑动面，将滑动面以上的土体分为几个垂直条块，如图3-5所示。

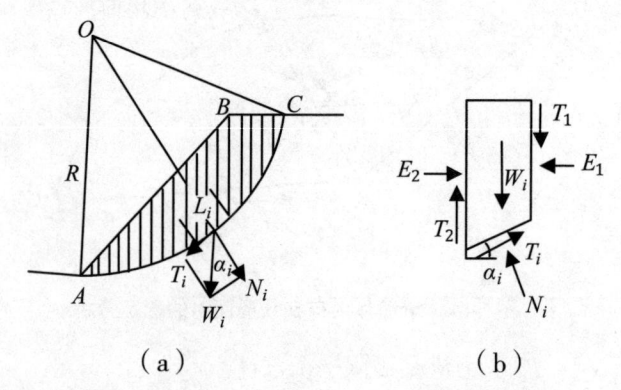

α_i 为通过条块重心的垂线与底边法线的夹角；φ 为土体的内摩擦角；C 为条块滑面上的内聚力。

图3-5 圆弧形条分法

第二，计算作用在每一条块上的力。将每一条块的自重分解为垂直于滑动面的法向压力 N_i 和平行于滑动面的切向力 T_i，其公式分别如下：

$$N_i = W_i \cos\alpha_i \quad (3-8)$$

$$T_i = W_i \sin\alpha_i \quad (3-9)$$

其中，作用在该条块所对应的长为 L_i，滑面上尚有摩擦力 $N_i \tan\varphi$ 与总内聚力 CL_i，此二力是抵抗滑动的抗滑力。

在条块分界面上还有垂直与平行条块界面的 E_1、E_2、T_1 和 T_2 等作用力（图3-5）。为简化计算，假定 $T_1 = T_2$，$E_1 = E_2$，故在计算中这些力不予考虑。

第三，计算各条块的下滑力对圆弧圆心 O 点的力矩 M_1。

$$M_1 = R\sum_{i=1}^{n} T_i = R\sum_{i=1}^{n} W_i \sin\alpha_i \quad (3-10)$$

第四，计算各条块抗滑力对 O 点的力矩 M_2。

$$M_2 = R\sum_{i=1}^{n}(CL_i + N_i\tan\varphi) = R\sum_{i=1}^{n}(CL_i + W_i\cos\alpha_i\tan\varphi) \quad (3-11)$$

第五，计算安全系数。

$$n = \frac{M_2}{M_1} = R\sum_{i=1}^{n}(CL_i + W_1\cos\alpha_i\tan\varphi) \bigg/ R\sum_{i=1}^{n} W_i \sin\alpha_i \quad (3-12)$$

$$n = CL_i + \sum_{i=1}^{n} W_i \cos\alpha_i \tan\varphi \bigg/ \sum_{i=1}^{n} W_i \sin\alpha_i \quad (3-13)$$

式中，L_i 为圆弧 $\overset{\frown}{AC}$ 的长度。

（二）毕晓普法

毕晓普法是一种考虑条块间接触力的分析方法。在使用条分法进行计算时，由于忽略了土条侧面的作用力，可能会产生误差，算出的安全系数将偏低 10% ~ 20%，并且这种误差会随着滑弧圆心角孔隙水压力的增大而增大。另外，滑坡体在滑动过程中也不能完全作为整体的刚体运动，在运动过程中滑坡体还可能发生破裂，在这种情况下条块间存在着相互作用力，包括水平向压力和竖直剪切力。这些力都是未知的，求解时需做某些简化假设。

在使用毕晓普法进行计算时，在滑坡体中任取一条块 i，并进行受力分析。设该条块所受重力为 W_i，水平力为 Q_i''，两侧面受水的作用力分别为 $P_{wi,\,i+1}$ 和 $P_{wi,\,i-1}$，底部法向反力 N_i 和切向反力 T_i'，浮托力 U_i，条块两侧的水平力

$E_{i,\,i+1}$ 和 $E_{i,\,i-1}$。令 Q_i 表示 Q_i'，$P_{wi,\,i+1}$ 和 $P_{wi,\,i-1}$ 的合力，ΔE_i 表示 $E_{i,\,i+1}$ 和 $E_{i,\,i-1}$ 的合力。力的作用方向如图 3-6 所示。

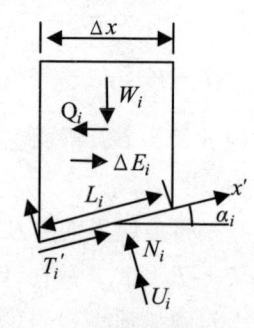

图 3-6 考虑条块接触力的分析方法

对于条块 i，将所有的力都投影在 x' 轴上，可得

$$T_i' = -\Delta E_i \cos\alpha_i + Q_i \cos\alpha_i + W_i \sin\alpha_i \qquad (3-14)$$

当边坡处于稳定状态时，边坡的安全系数 $n > 1$，条块底滑动面上的抗剪强度高于其剪切力。为了使抗剪强度与剪切力平衡，使边坡滑体处于极限平衡状态，需将抗剪强度值除以安全系数 n，故有

$$T_i' = \frac{C_i L_i}{n} + \frac{N_i f_i}{n} \qquad (3-15)$$

式中，f_i 为滑动面的摩擦系数。

式（3-15）代入式（3-14）可得

$$\Delta E_i = -\frac{\sec\alpha_i}{n}(C_i L_i + N_i f_i) + Q_i + W_i \tan\alpha_i \qquad (3-16)$$

将所有条块的 ΔE_i 叠加，由于边坡处于极限平衡状态，故 $\sum \Delta E_i = 0$，于是得

$$\frac{1}{n}\sum \sec\alpha_i (C_i L_i + N_i f_i) - \sum Q_i - \sum W_i \tan\alpha_i = 0 \qquad (3-17)$$

$$n = \frac{\sum \sec\alpha_i (C_i L_i + N_i f_i)}{\sum Q_i + \sum W_i \tan\alpha_i} \qquad (3-18)$$

式（3-18）中 N_i 为未知，利用条块上竖向力的平衡条件，得

$$N_i \cos\alpha_i + U_i \cos\alpha_i + \frac{C_i L_i}{n}\sin\alpha_i + \frac{N_i f_i}{n}\sin\alpha_i = W_i \qquad (3-19)$$

$$N_i = \frac{W_i - U_i \cos\alpha_i - \dfrac{C_i L_i}{n}\sin\alpha_i}{\cos\alpha_i + \dfrac{f_i}{n}\sin\alpha_i} \quad （3-20）$$

将 N_i 值代入式（3-18），经整理后得

$$n = \frac{\sum[C_i L_i + (W_i \sec\alpha_i - U_i)f_i]\dfrac{\sec\alpha_i}{1+\dfrac{f_i}{n}\tan\alpha_i}}{\sum Q_i + \sum W_i \tan\alpha_i} \quad （3-21）$$

为了简化计算，通常将条块两侧作用的水平力 $P_{wi,\,i+1}$ 和 $P_{wi,\,i-1}$ 视为数值相等的力，这样式中的 $\sum Q_i$ 仅为分条所受的地震力，如果坡顶张裂隙中有水，则水平力仍应保留，在无地震力时，边坡的安全系数为

$$n = \frac{\sum[C_i \Delta x_i + (W_i - U_i \cos\alpha_i)f_i]\dfrac{\sec^2\alpha_i}{1+\dfrac{f_i}{n}\tan\alpha_i}}{Q + \sum W_i \tan\alpha_i} \quad （3-22）$$

式中，Q 为张裂隙中的水压；Δx_i 为条块的宽度，$\Delta x_i = L_i \cos\alpha_i$。

（三）条块间不平衡推力迭代法

不平衡推力迭代法是根据边坡滑动时滑动条块上力的平衡条件，沿边坡倾斜方向从上往下逐一求出上一条块对下一条块的推力，以最后一个条块的推力来判断边坡的稳定性的方法。

天然边坡的失稳一般是沿坡体内的软弱面（或软弱带）滑动，滑动面往往不规则。在这种情况下，常根据地质勘察结果，将滑动面简化为折面或其他形式的面，采用不平衡推力传递法来验算边坡的稳定性。

关于上条块对下条块作用力的方向，有的假设为与上条块底面平行，有的假设为与下条块底面平行。这两种近似的简化假设，当滑动面陡、倾角变化大时，两者计算结果会有一定的差异。

如图 3-7 所示的边坡，其滑动面为一折面，条块 i 中心作用有重力 W_i，其底面倾角为 α_i，在条块右侧面上作用有 $i-1$ 条块的不平衡推力 F_{i-1}，$i-1$ 条块滑动面的倾角为 α_{i-1}，在左侧面上作用有 $i-1$ 条块对其反作用力 F_i（即 i 条块的不平衡推力），$i+1$ 条块滑动面的倾角为 α_{i+1}。底部作用有法向反力 N_i 和切向反力 T_i'，由条块 i 底面法向和切向力的平衡条件得

$$N_i = W_i \cos\alpha_i + F_{i-1}\sin(\alpha_{i-1} - \alpha_i) \quad （3-23）$$

$$T_i' = W_i \sin\alpha_i - F_i + F_{i-1}\cos(\alpha_{i-1} - \alpha_i) \qquad (3-24)$$

式中，右端第 1 项为 i 条块的下滑力；第 2 项为 i 条块的抗滑力；第 3 项为 i–1 条块传给 i 条块的不平衡推力。对于第 1 个条块，最后一项为零。

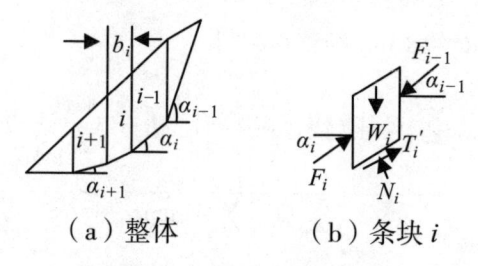

（a）整体　　　（b）条块 i

图 3-7　不平衡推力迭代法

考虑到各条块底面的抗剪强度可能不同，于是用 C_i 和 φ_i 分别表示条块 i 的内聚力和内摩擦角。如果边坡的安全系数为 n，当边坡处于极限平衡状态时，底面的剪切强度 T_i' 为

$$T_i' = \frac{1}{n}(C_i L_i + N_i \tan\varphi_i) \qquad (3-25)$$

将式（3-24）和式（3-25）代入整理后得

$$F_i = W_i \sin\alpha_i - \left(\frac{C_i L_i}{n} + W_i \cos\alpha_i \frac{\tan\varphi_i}{n}\right) + F_{i-1}\psi_{i-1} \qquad (3-26)$$

其中

$$\psi_{i-1} = \cos(\alpha_{i-1} - \alpha_i) - \frac{\tan\varphi_i}{n}\sin(\alpha_{i-1} - \alpha_i) \qquad (3-27)$$

在不平衡推力迭代法中，通常称 ψ_{i-1} 为推力传递系数，因而不平衡推力传递法又称传递系数法。

四、楔体滑动

楔体滑动属空间问题的稳定性分析，其力学原理与平面问题无本质差别，但计算较为复杂。发生楔体滑动的条件是边坡岩体中两组结构面与边坡斜交，两组结构面组合交线倾向边坡，倾角大于滑动面的摩擦角而小于坡面角，即组合交线在坡面出露。进行力学分析时，首先根据结构面在边坡岩体中的分布确定出可能的滑动体，然后再找出滑动体的空间位置和必要的几何参数，诸如两结构面交线的方位角、倾角及两结构面的夹角等，在此基础上进行力学分析，以便计算安全系数，判断边坡的稳定性。

设 a 面的方位角为 α_a，倾角为 φ_a；b 面的方位角为 α_b，倾角为 φ_b；a、b 面组合交线 ab 的方位角为 α_{ab}，倾角为 φ_{ab}。由图 3-8 可以得出以下内容：

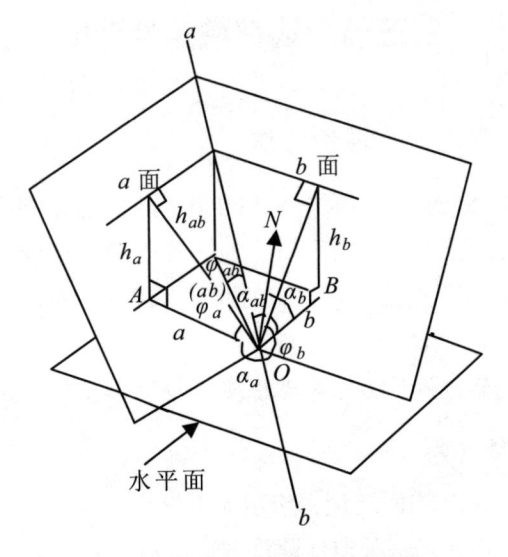

图 3-8　两结构面组合的方位角

$$h_a = h_b = h_{ab} = h \tag{3-28}$$

$$\tan\varphi_{ab} = \frac{h}{ab}, \quad \tan\varphi_a = \frac{h}{a}, \quad \tan\varphi_b = \frac{h}{b} \tag{3-29}$$

$$\tan\varphi_{ab} = \frac{a}{ab}\tan\varphi_a = \frac{b}{ab}\tan\varphi_b \tag{3-30}$$

$$\frac{a}{ab}\tan\varphi_a = \frac{b}{ab}\tan\varphi_b \tag{3-31}$$

式中，a、b 线段分别为自 a、b 面组合交线上的一点 O 至 a、b 面任一同高程走向线的垂距在水平面上的投影，即 $a = \overline{OA}$，$b = \overline{OA}$。

$$\frac{a}{ab} = \cos(\alpha_{ab} - \alpha_a) \tag{3-32}$$

$$\frac{b}{ab} = \cos[360° - (\alpha_{ab} - \alpha_b)] = \cos(\alpha_{ab} - \alpha_b) \tag{3-33}$$

由式（3-32）和式（3-33）整理可得

$$\cos(\alpha_{ab}-\alpha_a)\tan\varphi_a = \cos(\alpha_{ab}-\alpha_b)\tan\varphi_b \tag{3-34}$$

展开后得

$$(\cos\alpha_{ab}\cos\alpha_a + \sin\alpha_{ab}\alpha_a)\tan\varphi_a = (\cos\alpha_{ab}\cos\alpha_b + \sin\alpha_{ab}\alpha_b)\tan\varphi_b \tag{3-35}$$

将 $\tan\alpha_{ab}$ 集项后，最终可得

$$\alpha_{ab} = \arctan\frac{\cos\alpha_b\tan\varphi_b - \cos\alpha_a\tan\varphi_a}{\sin\alpha_a\tan\varphi_a - \sin\alpha_b\tan\varphi_b} \tag{3-36}$$

第三节　边坡稳定性评价

一、边坡稳定性常用评价方法

边坡稳定性与各种因素构成一个相互联系、相互影响的整体。边坡的稳定状态是这些因素综合作用的结果，任何一个因素的改变往往会导致其他因素发生改变，进而引起边坡稳定状态的改变。因此，在评价边坡稳定性时，必须将相关因素统筹考虑，综合分析。

目前，边坡稳定性评价方法虽然很多，但归结起来主要有以下几类。

（一）结构分析法

该方法通过大量结构面统计，应用赤平投影、实体比例投影和摩擦圆方法判断边坡的稳定性，是一种定性评价方法，难以定量评价。

（二）经验类比法

该方法是通过对大体相似的两个或多个边坡进行比较，根据它们的属性推出其他属性相似性的方法，这是一种定性评价方法。

（三）地质分析法

该方法根据边坡的工程地质条件进行定性分析，判断边坡的稳定性。其不足之处是不能进行定量评价。

（四）极限平衡分析法

该法把滑坡体作为刚体分析其沿滑动面的平衡状态。其常用的方法有费伦纽斯法、毕晓普法、萨尔玛法、摩根斯顿 – 普赖斯法（简称 M-P 法）和不平衡推力法等，主要优点是简便，但也有其局限性，如把岩土体作为刚体处理，不能反映岩土体内部真实的应力 – 应变关系；稳定系数是滑动面上的平均值，带有一定的假定性，也无法考虑渐进性破坏对稳定的影响；各种计算方法本身还有不同的假设，均有一定的适用范围和局限性，并且都是把超静定问题作为静定问题处理等。但是目前，该方法依然在工程界得到广泛的应用，并且积累了丰富的经验。

（五）概率分析法

该方法是以极限平衡原理建立状态方程，在定值稳定系数方法的基础上计算边坡不稳定性概率的方法。该方法的优点是可解决边坡稳定性分析中的不确定性问题，但是在极限平衡方法基础上建立起来的，因而也包含极限平衡分析法的缺陷和局限性。

由上文可见，边坡稳定性研究虽已取得很大进展，但问题亦不少，无论哪一种评价方法都有它的适应性和局限性。另外，边坡岩土体是性质极其复杂的地质介质，长期的地质作用使其成为自然界最复杂的材料之一。它的力学特性参数、结构面分布规律及工程性质等都是复杂多变、随时空变化的，并具有强烈的不确定性，这些客观存在的不确定性给边坡稳定性分析带来了巨大的困难。

二、边坡稳定性新型评价方法

（一）理想点法

理想点法是一种多指标综合评判方法，其首要目标是通过建立边坡稳定性评价指标体系，确定各评价指标的相对权重；在此基础上定义一种模，也就是 m 维欧氏空间（Euclidean space）中的一个点，在此定义下，确定一个尽可能靠近理想点的点，使得该点与反理想点评估函数之间的距离最远，与正理想点评估函数之间的距离最近。之后采用理想点贴近度对边坡的稳定状态进行评估，给出评价结果。

理想点法属于多因子综合评价方法，能同时进行多个对象的综合考核，并确定待评价对象所属类别。这种方法简单、直观，无须建立复杂的数学模型，从理想状态出发求边坡稳定的所属类别，使边坡稳定性等级的确定更为客观合理。目前，该方法已被广泛应用于沥青路面性能评价、梯级水电站优化调度、泥石流危险度研究、专家水平判断研究、土地利用规划方案评价等相关领域。

运用理想点法进行边坡稳定性评价时，一般分为构建边坡稳定评价体系、构建理想点函数、计算理想点贴近度几个步骤。

1. 构建边坡稳定评价体系

将边坡作为待评价对象 R，假设其评价指标个数为 n，将其看作边坡稳定评价决策的 n 个目标函数，定义向量函数 $F(x) = [f_1(x), f_2(x), \cdots, f_n(x)]$，各目标函数相应的权重为 $W = [W_1, W_2, \cdots, W_n]$，且有 $0 \leq W \leq 1$，$i \leq 1$，$\sum_{i=1}^{n} W_i = 1$，设待评价边坡 R 在 $f_i(x)$ 下函数值为 x_i，评价指标可构建如下：

$$\overline{X} = \{x_1, x_2, \cdots, x_n\}[W_1, W_2, \cdots, W_n]^T$$

常规评价指标一般可归纳为正指标和逆指标两种类型。正指标量值越大意味着评价结果越危险；逆指标量值越小则意味着评价结果越危险。根据上述正指标和逆指标的意义可以定义理想点与反理想点。

评价指标属于正指标，其公式为

$$\begin{cases} f_i^*(+) = \max f_i(x) \\ f_i^*(-) = \min f_i(x) \end{cases}$$

评价指标属于逆指标，其公式为

$$\begin{cases} f_i^*(+) = \min f_i(x) \\ f_i^*(-) = \max f_i(x) \end{cases}$$

式中，$f_i^*(+)$ 为边坡稳定评价中第 i 个评价指标的正理想点；$f_i^*(-)$ 为边坡稳定评价中第 i 个评价指标的负理想点；$f_i^*(x)$ 为第 i 个评价指标的实际值；$i=1, 2, \cdots, n$。

2. 构建理想点函数

评价指标与理想点间的距离即为理想点函数。评价指标与正理想点之间的距离越小，与反理想点之间的距离就越大，则表明评价指标越优，基于此，在 n 维空间可以定义模

$$\|f(x) - f^*(+)\| \to \min, \quad \|f(x) - f^*(-)\| \to \max$$

理想点函数一般采用欧氏距离和闵可夫斯基距离，当采用闵可夫斯基距离时，评价指标与正理想点之间的距离为

$$D_1 = \left(\sum_{i=1}^n W_i \left\{ \left[f_i(x) - f_1^*(+) \right] / f_1^*(+) \right\}^p \right)^{1/p}$$

评价指标与负理想点之间的距离为

$$D_2 = \left(\sum_{i=1}^n W_i \left\{ \left[f_i(x) + f_1^*(-) \right] / f_1^*(-) \right\}^p \right)^{1/p}$$

一般根据实际情况需要确定 P 的值：当 $P=1$ 时，评价指标与理想点（负理想点）间的距离就是绝对距离或海明距离；当 $P=2$ 时，评价指标与理想点（负理想点）间的距离就是欧式距离；当 $P=\infty$ 时，评价指标与理想点（负理想点）间的距离就是切比雪夫距离。

3. 计算理想点贴近度

根据理想点函数确定评价指标与理想点距离后，理想点贴近度 T 的计算

可采用以下公式：

$$T = D_2 / (D_1 + D_2)$$

式中，$0 \leq T \leq 1$，贴近度 T 的量值越大，表示与理想点的距离越小，与反理想点的距离越大，反之亦然。

（二）熵权法

熵权法是一种客观赋权法，通过建立评价指标的矩阵来计算各指标的熵值，熵值越大表明该指标提供的有效信息越少；熵值越小表明提供的有效信息越多。因此，熵权法可以根据评价指标的熵值大小对其进行赋权，熵值越大，权重越小，反之亦然。熵权法的原理较为简单，得出的结果客观公正，人为干涉少，能较为准确地反映各指标的实际情况。因此已被广泛应用于权重求解中。

对于边坡稳定评价的 n 个评价指标的 m 个测值，构建评价指标矩阵 $X=x_{ij}[\ ]_{n \times m}$，$x_{ij}$ 表示指标 i 的第 j 个测值，归化后的评价指标矩阵为 $Y=y_{ij}[\ ]_{m \times n}$，根据信息熵的定义，指标 i 的熵值可以表示为

$$e_i = -k \sum_{j=1}^{m} y_{ij} \quad (j = 1, 2, \cdots, n)$$

定义偏差度为

$$d_i = 1 - e_i$$

根据熵权法可知评价指标的权重

$$W_i = \frac{d_i}{\sum_{i=1}^{n} d_i} = \frac{1 - e_i}{n - \sum_{i=1}^{n} e_i}$$

在进行边坡稳定评价指标的权重计算时，一般首先稳定评价指标体系和数据，稳定评价分级标准，收集历史观测数据，获得边坡的完整资料以尽可能真实地反映边坡的工作状态，建立理想点矩阵或以熵权法确定权重，指标权重确定后，根据所建立的综合评价模型得到理想点贴近度值，从而给出边坡稳定评价结果。

第四章 基坑支护的力学原理

随着城市建设的发展及地下空间的开发利用，大规模的基坑工程越来越多。由于基坑周边环境不同及基坑的复杂性，如何选择合理、安全、经济的基坑支护方案就成为广大设计人员共同关心的问题了，基坑支护的力学原理也显得尤为重要。本章主要从基坑的力学特性分析、土与支护的作用分析和基坑支护结构的受力分析三个方面进行了深入探讨。

第一节 基坑的力学特性分析

一、基坑变形的规律分析

受开挖卸荷的扰动，处于平衡状态的基坑岩土，其状态将发生急剧变化，随之出现了一系列与岩土特性、基坑规模、扰动程度等密切相关的力学效应，即开挖卸荷效应。在开挖扰动之后，坑底影响范围内岩土（含地下水）所出现的一切微观和宏观状态的改变，均属于开挖卸荷效应的范畴。

总的来说，开挖卸荷效应主要包括：岩土参数的改变、应变场的变化、土压力及变形的时空差异、岩土流变、土压力大小和方向随坑壁位移的非线性变化、坑周出现不同的变形区域、卸荷拱效应、坑壁内倾、坑底隆起、地表沉陷、地下水位水质及渗透强度的变化等。

开挖卸荷效应的最终体现形式，就是岩土变形在时间和空间上的非均衡变化，而变形分析是基坑支护设计和施工控制的基础，所以，对开挖卸荷效应的准确认识，对分析基坑的力学特性及确保基坑的安全稳定，具有重要意义。

二、基坑变形分区的概念模型

（一）坑周岩土状态与分区

基坑开挖后，坑壁会与支护结构一起发生变形，从而带动坑周岩土的变形和移动。坑周岩土的变形或移动，除了会引起土压力的变化之外，还可能在坑周形成不同的变形区域。

有学者提出了一个包含弹性区、过渡区、塑性区的计算模型，并成功用于坑周岩土变形的分析。还有一些多是通过数值模拟和理论分析相结合的方法对开挖扰动后基坑的特性进行讨论，很少给出一个形象的概念模型。

根据开挖后坑周岩土的变形规律及发展趋势，可以建立一个包括未扰动区、弹性区、塑性区、破坏区的基坑开挖卸荷后的平面分区概念模型，如图 4-1 所示。

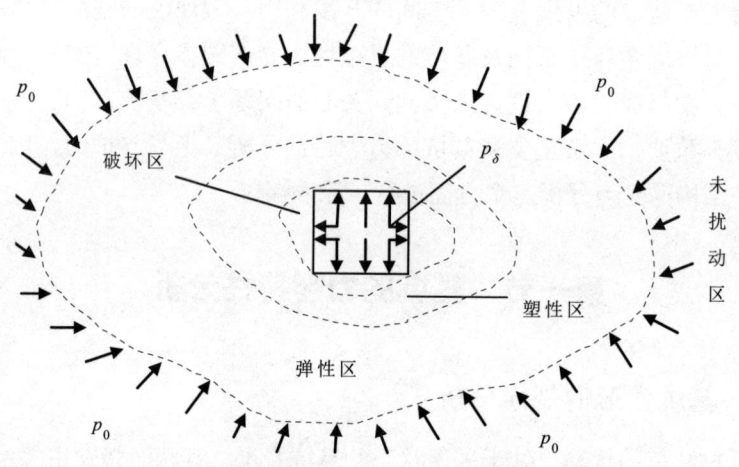

图 4-1 基坑开挖卸荷后的平面分区概念模型

未扰动区的岩土，不受基坑开挖卸荷后的影响，仍然处于天然平衡状态，其内部土压力为静止土压力 p_0。

弹性区只发生弹性变形，但因受扰动影响的不同，各点的弹性变形并不一致，从未扰动区向坑壁方向上，弹性变形逐渐增加，到弹性区和塑性区的边界处，弹性区的弹性应变发展到最大。

塑性区同时出现弹性变形和塑性变形，弹性变形和应力状态成正比；在弹性区和塑性区的交界处开始出现塑性应变，在塑性区和破坏区的交界处，塑性变形发展到最大。破坏区的变形发展到破坏面，岩土开始发生破坏变形。

坑壁处的土压力 p_δ 等于支护作用力，坑壁位移量 δ 为坑周弹性区、塑性区、破坏区的累积变形量。

如图 4-1 所示的概念模型，是基坑周围各变形区域在平面上的一个形象分区表示。而且随着基坑开挖卸荷的增加，即施工阶段的推进，各变形区的边界是不断向外扩展的。

（二）坑周岩土状态的变化

开挖前，坑周岩土处于天然平衡状态，坑周均为未扰动区域。刚开挖扰动时，坑周一定范围内的岩土开始产生变形，由于受到的扰动还很小，变形区域很小且变形量也很小，这部分变形为弹性变形。

随着开挖卸荷量的增加，受扰动影响的区域不断向外扩大，从而带动更远的未扰动区发生变形，较远的区域由于开始受扰动影响较小，发生的变形亦较小，为弹性变形，即相当于原来的弹性区边界向外扩展了；靠近基坑一侧原来的弹性变形区域，由于扰动增加，变形不断累积，当累积变形达到一定程度后，岩土发生塑性屈服，开始出现塑性变形。

如果要想继续增加扰动，坑周累积变形量进一步增大，使更多的未扰动区域受到扰动而发生弹性变形，一部分原来的弹性区因累积变形超过弹性极限而变为塑性区，即塑性区和弹性区同时随扰动的增加而向基坑外侧扩展。靠近基坑一侧的部分塑性区，由于变形的进一步发展，其累积变形最后发展到破坏面，土体开始出现破坏。

在进一步开挖而支护能力不足的时候，更多的塑性区便可能发展成破坏区域，使基坑发生大面积的破坏。如果支护及时且支护刚度足够，会使受到扰动而出现的变形得到很好的抑制，便不会发生破坏变形，甚至不会出现塑性变形。

破坏意味岩土可能发生失稳，进而引发事故灾害，是一种极为不利的状态。在以下的分析中，均假定不允许出现破坏现象，即暂不考虑存在破坏区的情形。

三、应力场与位移场的解析解

（一）力学分析模型

在多位学者研究的基础上，开挖后基坑周围考虑岩土非线性变化的应力场和位移场的立面弹性模型，如图 4-2 所示。

如图 4-2 所示，KQ 为开挖面，PQ 为坑壁所在位置。开挖后坑周岩土被分为 Ⅰ、Ⅱ 两个应力分区：以开挖面为界，从坑壁 PQ 到开挖影响范围边界 MN 内，以及位于开挖面以上的区域 $PQRM$ 为 Ⅰ 区；从坑壁 PQ 至开挖影响范围边界 MN 内，以及开挖面以下的区域 $QHNR$ 为 Ⅱ 区。

坐标原点 O 建在坑顶平面且距坑壁 $h/2$ 处，从 O 水平指向基坑外侧的方向为 X 轴方向，由 O 竖直指向坑底的方向为 Z 轴方向。

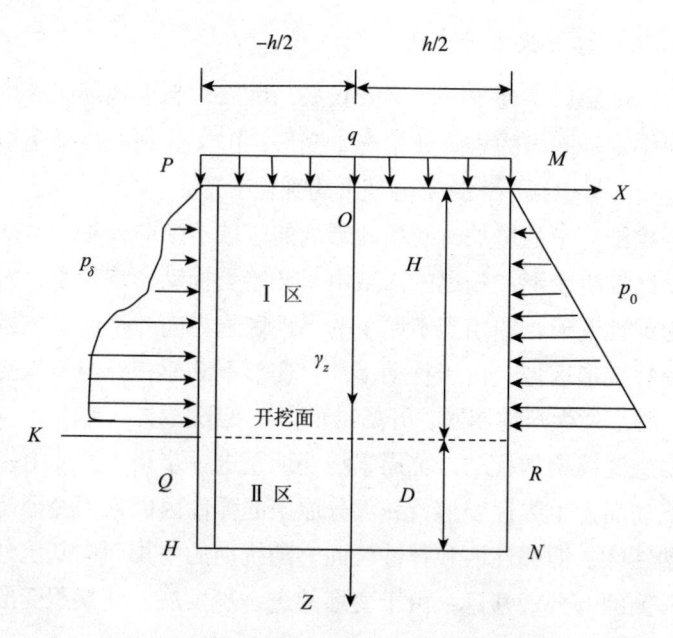

图 4-2 坑周应力场和位移场的立面弹性模型

(二) 弹性解析解

1. 应力场

（1）荷载对称

因为 $\dfrac{\partial^2 \varphi}{\partial_z^2} = \sigma_x$，$\sigma_x = zf(x)$，联合可得相应的应力函数 $\varphi(x, z)$，为

$$\varphi(x, z) = \dfrac{z^3}{6} f(x) + zf_1(x) + zf_1(x) + f_2(x) \qquad (4\text{-}1)$$

根据相容方程，即

$$\dfrac{\partial^4 \varphi}{\partial_z^4} + 2\dfrac{\partial^4 \varphi}{\partial x^2 \partial z^2} + \dfrac{\partial^4 \varphi}{\partial x^4} = 0 \qquad (4\text{-}2)$$

联合式（4-1）和式（4-2），可得

$$\dfrac{z^3}{6} \cdot \dfrac{\partial^4 f(x)}{\partial x^4} + 2z \cdot \dfrac{\partial^2 f(x)}{\partial x^2} + z \cdot \dfrac{\partial^4 f_1(x)}{\partial x^4} + \dfrac{\partial^4 f_2(x)}{\partial x^4} = 0 \qquad (4\text{-}3)$$

令式中含 z 多阶幂的各系数为零，即

$$\dfrac{\partial^4 f(x)}{\partial x^4} = 2\dfrac{\partial^2 f(x)}{\partial x^2} + \dfrac{\partial^4 f_1(x)}{\partial x^4} = \dfrac{\partial^4 f_2(x)}{\partial x^4} = 0 \qquad (4\text{-}4)$$

解之有

$$\begin{cases} f(x) = A_1x^3 + B_1x^2 + C_1X + D_1 \\ f_1(x) = -\dfrac{A_1}{10}x^5 - \dfrac{B_1}{6}x^4 + E_1x^3 + F_1x^2 + G_1x \\ f_2(x) = H_1x^3 + I_1x^2 \end{cases} \quad (4\text{-}5)$$

把式（4-5）代入式（4-1）并求导，则应力分量可以表示成

$$\begin{cases} \sigma_x = z(A_1x^3 + B_1x^2 + C_1x + D_1) \\ \sigma_z = \dfrac{z^3}{6}(6A_1x + 2B_1) + z(-2A_1x^3 - 2B_1x^2 + 6E_1x + 2F_1) + (6H_1x + 2I_1) - \gamma_z \\ \tau_{xz} = -\dfrac{z^2}{2}(3A_1x^2 + 2B_1x + C_1) - (-\dfrac{A_1}{2}x^4 - \dfrac{2}{3}B_1x^3 + 3E_1x^2 + 2F_1x + G_1) \end{cases} \quad (4\text{-}6)$$

由于研究对象和荷载都是对 Z 轴对称的，则 σ_x、σ_z 为 x 的偶函数，τ_{xz} 为 x 的奇函数，即有

$$A_1 = C_1 = E_1 = G_1 = H_1 = 0 \quad (4\text{-}7)$$

根据边界条件：$z=0$，$\sigma_z = -q$（弹性力学规定拉正压负），可得

$$I_1 = -\dfrac{q}{2} \quad (4\text{-}8)$$

令坑壁土压力 $p_\delta = k_r \gamma z$，式中，k_r 为坑壁土压力系数。

根据边界条件：$x = \pm\dfrac{h}{2}$，$\sigma_x = \dfrac{p_\delta + p_o}{2} = -\dfrac{k_r + k_o}{2}\gamma_z$，$\tau_{xz}=0$，可得

$$\begin{cases} A_1\dfrac{h^3}{8}z + B_1\dfrac{h^2}{4}z + C_1\dfrac{h}{2}z + D_1z + \dfrac{k_r + k_0}{2}\gamma_z = 0 \\ A_1\dfrac{3h^2}{8}z^2 + B_1\dfrac{h}{2}z^2 + C_1\dfrac{z^2}{2} - A_1\dfrac{h^4}{32} - B_1\dfrac{h^3}{12} + E_1\dfrac{3h^2}{4} + F_1h + G_1 = 0 \\ A_1\dfrac{3h^2}{8}z^2 - B_1\dfrac{h}{2}z^2 + C_1\dfrac{z^2}{2} - A_1\dfrac{h^4}{32} + B_1\dfrac{h^3}{12} + E_1\dfrac{3h^2}{4} - F_1h + G_1 = 0 \end{cases} \quad (4\text{-}9)$$

求解得

$$\begin{cases} D_1 = -\dfrac{k_r + k_0}{2}\gamma \\ A_1 = B_1 = C_1 = E_1 = F_1 = G_1 = H_1 = 0 \\ I_1 = -\dfrac{q}{2} \end{cases}$$

对称情形的应力场可以表示为

$$\begin{cases} \sigma_x = -\dfrac{k_r + k_0}{2}\gamma_z \\ \tau_{xz} = 0 \\ \sigma_z = -q - \gamma_z \end{cases}$$

（2）荷载反对称

同样，荷载反对称情况的应力函数 φ 可以表示为

$$\varphi = \frac{z^3}{6}g(x) + zg_1(x) + g_2(x) \tag{4-10}$$

根据相容方程，可得

$$\begin{cases} g(x) = A_2 x^3 + B_2 x^2 + C_2 x + D_2 \\ g_1(x) = -\dfrac{A_2}{10}x^5 - \dfrac{B_2}{6}x^4 + E_2 x^3 + F_2 x^2 + G_2 x \\ g_2(x) = H_2 x^3 + I_2 x^2 \end{cases} \tag{4-11}$$

把式（4-11）代入式（4-10）并求导，则应力分量可以表示成

$$\begin{cases} \sigma_z = \dfrac{z^3}{6}(6A_2 x + 2B_2) + z(-2A_2 x^3 - 2B_2 x^2 + 6E_2 x + 2F_2) + (6H_2 x + 2I_2) \\ \sigma_x = z(A_2 x^3 + B_2 x^2 + C_2 x + D_2) \\ \tau_{xz} = -\dfrac{z^2}{2}(3A_2 x^2 + 2B_2 x + C_2) - (-\dfrac{A_2}{2}x^4 - \dfrac{2}{3}B_2 x^3 + 3E_2 x^2 + 2F_2 x + G_2) \end{cases} \tag{4-12}$$

由于研究对象以 Z 轴对称，而荷载以 Z 轴为反对称，则此时的 σ_x、σ_z 为 x 的奇函数，τ_{xz} 为 x 的偶函数，即有

$$B_2 = D_2 = F_2 = I_2 = 0$$

根据边界条件：$z=0$，$\sigma_z=0$，可得

$$H_2 = 0$$

由弹性力学次边界条件：$z=0$，$\int_{-h/2}^{h/2}\tau_{xz}dx = 0$，可得

$$\frac{A_2}{160}h^4 - \frac{E_2}{4}h^2 - G_2 = 0 \tag{4-13}$$

根据边界条件：$x = \dfrac{h}{2}$，$\sigma_x = -\dfrac{p_o - p_\delta}{2} = -\dfrac{k_0 - k_r}{2}\gamma_z$，$\tau_{xz}=0$，可得

$$\begin{cases} A_2 \dfrac{h^3}{8} + B_2 \dfrac{h^2}{4} + C_2 \dfrac{h}{2} + D_2 + \dfrac{k_0 - k_r}{2} = 0 \\ (A_2 \dfrac{3h^2}{8} + B_2 \dfrac{h}{2} + \dfrac{C_2}{2})z^2 - A_2\dfrac{h^4}{32} - B_2\dfrac{h^3}{12} + E_2\dfrac{3h^2}{4} + F_2 h + G_2 = 0 \end{cases} \tag{4-14}$$

式（4-14）的第二式，应保证每一位置等式均成立，从而 z^2 项的系数和不含 z 的代数式应为零，则式（4-14）可以进一步写成

$$\begin{cases} A_2 \dfrac{h^3}{8} + B_2 \dfrac{h^2}{4} + C_2 \dfrac{h}{2} + D_2 + \dfrac{k_0 - k_r}{2} = 0 \\ A_2 \dfrac{3h^2}{8} + B_2 \dfrac{h}{2} + \dfrac{G_2}{2} = 0 \\ A_2 \dfrac{h^4}{32} + B_2 \dfrac{h^3}{12} - E_2 \dfrac{3h^2}{4} - F_2 h - G_2 = 0 \end{cases} \quad (4\text{-}15)$$

求解可得

$$\begin{cases} B_2 = D_2 = F_2 = H_2 = I_2 = 0 \\ A_2 = 2 \dfrac{k_0 - k_r}{h^3} \gamma \\ C_2 = -\dfrac{2}{3} \dfrac{k_0 - k_r}{h} \gamma \\ E_2 = \dfrac{k_0 - k_r}{10h} \gamma \\ G_2 = -\dfrac{k_0 - k_r}{80} \gamma h \end{cases}$$

荷载反对称情形的应力场可以表示成：

$$\begin{cases} \sigma_x = 2 \dfrac{k_0 - k_r}{h^3} x^3 \gamma z - 3 \dfrac{k_0 - k_r}{2h} \gamma xz \\ \sigma_z = 2 \dfrac{k_0 - k_r}{h^3} \gamma xz^3 - 4 \dfrac{k_0 - k_r}{h^3} \gamma x^3 z + 3 \dfrac{k_0 - k_r}{5h} \gamma xz - \gamma z - q \\ \tau_{xz} = -3 \dfrac{k_0 - k_r}{h^3} \gamma x^2 z^2 + 3 \dfrac{k_0 - k_r}{4h} \gamma z^2 + \dfrac{k_0 - k_r}{h^3} \gamma x^4 - 3 \dfrac{k_0 - k_r}{10h} \gamma x^2 + \dfrac{k_0 - k_r}{80} \gamma h \end{cases} \quad (4\text{-}16)$$

即表示开挖卸荷后基坑周围形成的弹性应力场。

2. 位移场

按弹性力学的物理方程，则坑周的应变场可以表示成式（4-17），即

$$\begin{cases} E \dfrac{\partial u}{\partial x} = 2 \dfrac{k_0 - k_r}{h^3}(1 + 2\mu) \gamma zx^3 - \dfrac{k_0 - k_r}{10h^3}(15h^2 + 20\mu z^2 + 6\mu h^2) \gamma zx + (\mu - \dfrac{k_r + k_0}{2}) \gamma z + \mu q \\ E \dfrac{\partial \omega}{\partial z} = 2 \dfrac{k_0 - k_r}{h^3} \gamma zx^3 + (-4x^3 + 3\dfrac{h^2 x}{5} - 2\mu x^3 + 5 \dfrac{h^2 \mu x}{2}) \dfrac{k_0 - k_r}{h^3} \gamma z + (\dfrac{k_r + k_0}{2} \mu - 1) \gamma z - q \end{cases}$$
$$(4\text{-}17)$$

式中，u、ω 分别为 X、Z 轴方向的位移；E、μ 分别为弹性模量和泊松比。

根据弹性理论力学几何方程，结合式（4-17），坑周的位移场可以表示成：

$$\begin{cases} Eu = \dfrac{k_0 - k_r}{2h^3}(1+2\mu)\gamma zx^4 - \dfrac{k_0 - k_r}{20h^3}(15h^2 + 20\mu z^2 \\ \qquad + 6\mu h^2)\gamma zx^2 + \left(\mu - \dfrac{k_r + k_0}{2}\right)\gamma zx + \mu qx + c(z) \\ E\omega = \dfrac{k_0 - k_r}{2h^3}\gamma xz^4 + (-2\dfrac{k_0 - k_r}{h^3}x^3 + 3\dfrac{k_0 - k_r}{10h^3}h^2 x - \dfrac{1}{2}\dfrac{k_0 - k_r}{h^3}\mu x^3 \\ \qquad + 5\dfrac{k_0 - k_r}{4h^3}h^2 \mu x + \dfrac{k_r + k_0}{4}\mu)\gamma z^2 - qz + d(x) \end{cases} \quad (4\text{-}18)$$

用待定系数法求 $c(z)$、$d(x)$，由于未知数最高次数为 5，假定 $c(z)$、$d(x)$ 的最高次幂也为 5，并满足：

$$\begin{cases} c(z) = c_1 z^5 + c_2 z^4 + c_3 z^3 + c_4 z^2 + c_5 z + c_6 \\ d(x) = d_1 x^5 + d_2 x^4 + d_3 x^3 + d_4 x^2 + d_5 x + d_6 \end{cases} \quad (4\text{-}19)$$

根据相容方程 $E(\dfrac{\partial u}{\partial z} + \dfrac{\partial w}{\partial x}) = 2(1+\mu)\tau_{xz}$，整理可得

$$\begin{cases} d_2 = c_2 = c_4 = 0 \\ \dfrac{k_0 - k_r}{2h^3}\gamma + 5c_1 = 0 \\ \left(\mu - \dfrac{k_r + k_0}{2}\right)\gamma + 2d_4 = 0 \\ c_5 + d_5 - 4\dfrac{k_0 - k_r}{80}\gamma h(1+\mu) = 0 \\ \dfrac{k_0 - k_r}{2h^3}(1+2\mu)\gamma + 5d_1 - 2\dfrac{k_0 - k_r}{h^3}(\mu + 1)\gamma = 0 \\ 3d_3 - \dfrac{k_0 - k_r}{20h^3}(15h^2 + 6\mu h^2)\gamma + 6\dfrac{k_0 - k_r}{10h}(\mu + 1)\gamma = 0 \\ 3c_3 + 3\dfrac{k_0 - k_r}{10h}\gamma + 5\dfrac{k_0 - k_r}{4h}\mu\gamma - 6\dfrac{k_0 - k_r}{4h}(\mu + 1)\gamma = 0 \end{cases} \quad (4\text{-}20)$$

另外，根据边界条件：$x = \dfrac{h}{2}$，$z=0$，$u=0$，$\omega=0$，有

$$\begin{cases} uq\dfrac{h}{2} + c_6 = 0 \\ d_6 = 0 \end{cases} \quad (4\text{-}21)$$

式（4-20）和式（4-21）包含了 11 个方程，但共有 12 个未知数。为了求解，引入另一个边界条件。假设坑壁最大位移 δ_m 发生在距坑顶 z_m 的位置，则按照上述分析，根据式（4-18）第一式，从而可以增加一个方程

$$E\delta_m = \gamma z_m(k_0 - k_r)\left[\frac{1+2\mu}{32}h - \frac{15h^2 + 20\mu z_m^2 + 6\mu h^2}{80h}\right] - \left(\frac{\mu}{2} - \frac{k_r + k_0}{4}\right)\gamma z_m h - \frac{\mu q h}{2} + c_1 z_m^5$$
（4-22）

将式（4-20）～式（4-22）联立，可得

$$\begin{cases} c_2 = c_4 = d_2 = d_6 = 0 \\ c_1 = \dfrac{k_r - k_0}{10h^3}\gamma \\ c_3 = \dfrac{k_0 - k_r}{60h}\gamma(5\mu + 24) \\ c_6 = -\mu q \dfrac{h}{2} \\ d_1 = \dfrac{k_0 - k_r}{10h^3}\gamma(3-\mu) \\ d_3 = \dfrac{k_0 - k_r}{60h}\gamma(3-6\mu) \\ d_4 = \dfrac{k_r + k_0 - 2\mu}{4}\gamma \\ c_5 = \left(\dfrac{2\mu - k_r - k_0}{4}\right)\gamma h + \dfrac{\mu q h}{z_m} + \dfrac{E\delta_m}{z_m} - \gamma(k_0 - k_r)\left[\dfrac{z_m^4}{10h^3} + \dfrac{2z_m^2}{5h} - \dfrac{\mu}{16}h - \dfrac{5h}{32} - \dfrac{\mu z_m^2}{6h}\right] \\ d_5 = \gamma(k_0 - k_r)\left[\dfrac{z_m^4}{10h^3} + \dfrac{2z_m^2}{5h} - \dfrac{\mu}{80}h - \dfrac{17h}{160} - \dfrac{\mu z_m^2}{6h}\right] - \left(\dfrac{2\mu - k_r - k_0}{4}\right)\gamma h - \dfrac{\mu q h}{z_m} - \dfrac{E\delta_m}{z_m} \end{cases}$$

即可求得开挖卸荷后坑周的弹性位移场。

（三）塑性解析解

1. 应力场

根据著名的卡斯特纳（Kastner）方程，隧道或坑道周围塑性区的应力状态，用极坐标可以表示成

$$\begin{cases} \sigma_r = (p_\delta + c\cdot\cot\varphi)\left(\dfrac{r}{R_0}\right)^{\frac{2\sin\varphi}{1-\sin\varphi}} - c\cdot\cot\varphi \\ \sigma_\theta = (P_\delta + c\cdot\cot\varphi)\left(\dfrac{1+\sin\varphi}{1-\sin\varphi}\right)\left(\dfrac{r}{R_0}\right)^{\frac{2\sin\varphi}{1-\sin\varphi}} - c\cdot\cot\varphi \end{cases}$$
（4-23）

式中，P_δ 为隧道或坑道上的支护力，基坑中即为坑壁土压力；σ_r、σ_θ 分别为隧道或坑道周围的径向应力和环向应力，如图 4-3 所示；c、φ 分别为岩土的黏聚力和内摩擦角；r 为计算点处的半径；R_0 为隧道或坑道的等效半径。

基坑工程中，坑壁处土压力 $P_\delta = k_r \gamma_z$，则根据式（4-23）可得极坐标表示的基坑周围塑性区应力分布，即

$$\begin{cases} \sigma_r = (k_r\gamma z + c\cdot\cot\varphi)(\dfrac{r}{R_0})^{\frac{2\sin\varphi}{1-\sin\varphi}} - c\cdot\cot\varphi \\ \sigma_\theta = (k_r\gamma z + c\cdot\cot\varphi)\dfrac{1+\sin\varphi}{1-\sin\varphi}(\dfrac{r}{R_0})^{\frac{2\sin\varphi}{1-\sin\varphi}} - c\cdot\cot\varphi \end{cases} \quad (4\text{-}24)$$

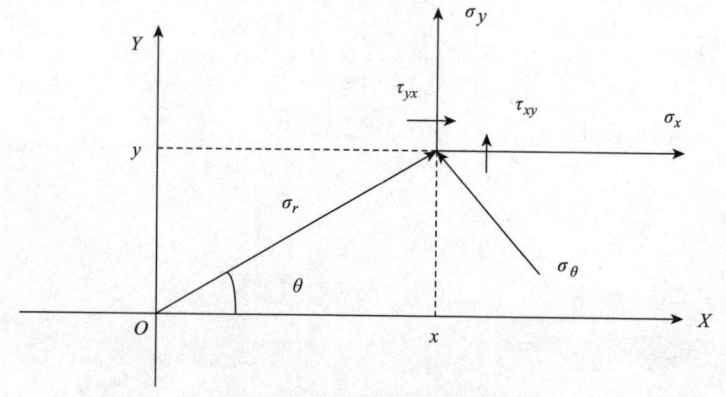

图 4-3 塑性区应力的解析方法

如图 4-3 所示，把 σ_r、σ_θ 分解为 X、Y 方向的四个应力 σ_x、σ_y、τ_{xy}、τ_{yz}（$\tau_{xy}=\tau_{yx}$），即

$$\begin{cases} \sqrt{2}\sigma_r\cos\theta - \sqrt{2}\sigma_\theta\sin\theta = \tau_{xy} + \sigma_x \\ \sin\theta = \dfrac{y}{r} = \dfrac{y}{\sqrt{x^2+y^2}} \\ \sqrt{2}\sigma_r\sin\theta + \sqrt{2}\sigma_\theta\cos\theta = \tau_{xy} + \sigma_y \end{cases} \quad (4\text{-}25)$$

塑性状态的岩土都符合一定的强度准则，按莫尔-库库（Mohr-Coulomb）强度准则，塑性区应力应满足

$$\sin\varphi = \dfrac{2\sqrt{\left(\dfrac{\sigma_x-\sigma_y}{2}\right)^2+\tau_{xy}^2}}{\sigma_x+\sigma_y+2c\cot\varphi} \quad (4\text{-}26)$$

联合式（4-25）和式（4-26），可得

$$\begin{cases} \sigma_x = \sqrt{2}\sigma_r\cos\theta - \sqrt{2}\sigma_\theta\sin\theta - \tau_{xy} \\ \sigma_y = \sqrt{2}\sigma_r\sin\theta + \sqrt{2}\sigma_\theta\cos\theta - \tau_{xy} \\ \tau_{xy} = \dfrac{-A\sin^2\varphi \pm \sqrt{A^2\sin^2\varphi - B^2\cos^2\varphi}}{2\cos^2\varphi} \end{cases} \quad (4\text{-}27)$$

其中，

$$\begin{cases} A = \sqrt{2}\sigma_r(\cos\theta + \sin\theta) + \sqrt{2}\sigma_\theta(\cos\theta - \sin\theta) + 3c\cot\varphi \\ B = \sqrt{2}\sigma_r(\cos\theta - \sin\theta) - \sqrt{2}\sigma_\theta(\sin\theta + \cos\theta) \end{cases}$$

根据上式即可求得坑周塑性应力状态。

2. 应变场

假设塑性区岩土的应力－应变关系，符合 Drucker-Prager 屈服条件关联流动法则，则塑性区塑性应变分量的增量 $d\epsilon_{ij}^p$ 可以表示为

$$d\epsilon_{ij}^p = d\lambda(\alpha\delta_{ij} + \frac{s_{ij}}{2\sqrt{J_2}}) \qquad (4\text{-}28)$$

式中，s_{ij} 为塑性区的偏应力张量；J_2 为塑性区偏应力张量不变量；δ_{ij} 为克罗内克（Kronecher）张量符号；α 为与塑性区岩土材料自身特性相关的参数；d_λ 为表征塑性应变增量大小的非负比例因子。

如果忽略变形过程中岩土特征参数的变化，则塑性区的弹性应变增量 $d\epsilon_{ij}^p$ 可以近似表示成

$$d\epsilon_{ij}^p = \left(\frac{1-2\mu}{E}\right)d\sigma_{kk} \qquad (4\text{-}29)$$

式中，σ_{kk} 为塑性区的应力张量。

结合塑性区应力的分布规律，即可求得塑性区对应的变形。

（四）*注意事项*

①基坑工程是个典型的三维空间问题，但无论是圆形还是非圆形的基坑，对其空间三维性状的描述，目前还不能通过弹性或塑性解析的方法准确的获得，在理论分析的时候，多是简化成二维平面问题进行分析。

②非圆形的隧道、井巷和基坑等周围的弹塑性分布规律至今还未能通过解析的方法进行分析。在前面的分析推导中，把基坑假定为圆形，利用圆形隧道坑洞的塑性应力分布，推出了基坑周围塑性区的应力分布的解析式。对于非圆形的基坑，可以采用复变函数的映射函数方法，把非圆形断面变换成复平面对应的单位圆形式，利用公式求得单位圆周围的塑性应力和应变后，按照单位圆上各点和非圆形断面周边各点的映射原则，进而求得非圆形周边的相应应力。这种近似处理对反映塑性区应力的真实分布规律可能有些不足，在现有的研究水平下，不过是对基坑问题进行塑性解析分析的一个尝试。

四、流变力学模型

（一）距离应变率的计算

通常意义上的应变率表示单位时间内应变变化的大小，可以写成

$$\dot{\epsilon}_t = \frac{\partial \varepsilon}{\partial t} \qquad (4\text{-}30)$$

为了区分，又称 $\dot{\epsilon}_t$ 为时间应变率。与之类似，在考虑距离的流变模型中，定义应变随距离的变化关系为距离应变率，即

$$\dot{\epsilon}_d = \frac{\partial \varepsilon}{\partial x} \qquad (4\text{-}31)$$

式中，$\dot{\epsilon}_d$ 为单位距离内应变变化的大小。在数学意义上，距离应变率和应变梯度是完全相同的一个概念，但在这里，距离应变率赋有不同的物理意义，表征的是接下来所提出的距离流变元件的应变特性。

（二）坑周力学距离变化

开挖扰动后，各个区域的变形及土压力随距离的变化关系如图 4-4 所示。图中，曲线 abc（表示土压力随距离的变化关系，曲线 ABC 表示应变随距离的变化关系。d_e 为未扰动区域至弹塑性边界的长度，即弹性区的大小；d_p 为未扰动区域至坑壁的距离，其大小等于 h，则塑性区的大小可以表示成 d_p-d_e。

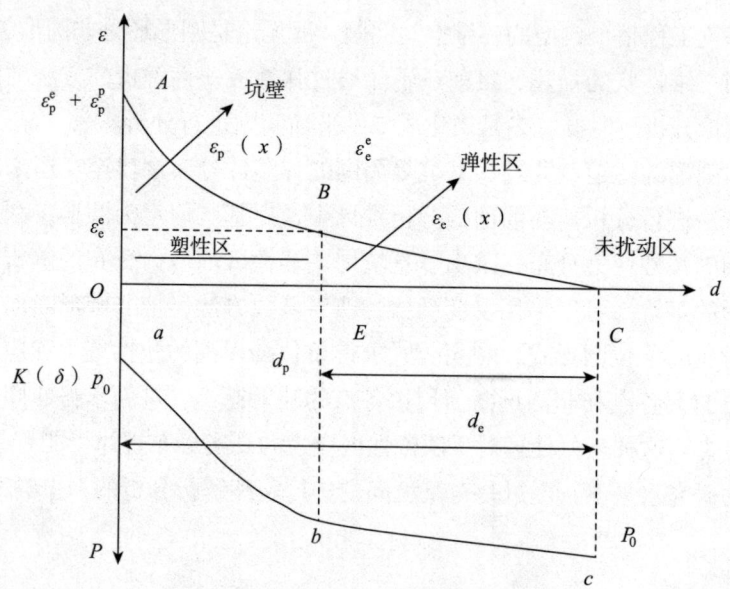

图 4-4 坑周土压力和变形随距离的演变

未扰动区不受开挖卸荷的影响，其土压力为静止土压力。受开挖卸荷的

扰动，弹性区 CE 段开始发生弹性变形，随着距离的增加，弹性应变 $\varepsilon_e(x)$ 逐渐增大，到弹塑性边界点 E 处，弹性区的弹性应变增大至 ε_e^e，ε_e^e 可以通过极限应力 σ_s 和弹性模量 E 表示成 $\frac{\sigma_s}{E}$。随着距离的继续增加，塑性区 EO 段开始出现塑性变形，且塑性区应变 $\varepsilon_p(x)$ 同样随着距离的增加而不断增大，在坑壁处，塑性区总的应变增大至最大 $\varepsilon_p^e + \varepsilon_p^p$。$\varepsilon_p^e$、$\varepsilon_p^p$ 可以根据坑壁岩土的应力历史和荷载状态通过试验或者公式确定。

（三）距离的流变模型

1. 两种改进元件

为了更好地用模型表示应力－应变随距离的变化关系，特提出两种改进元件——锥形弹簧件和锥形摩阻件。

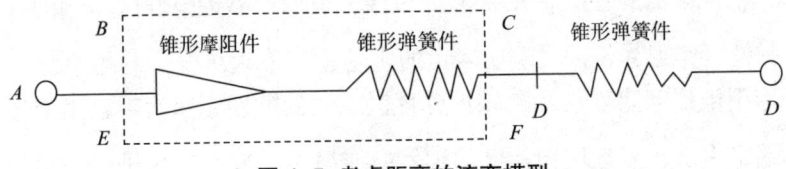

图 4-5 考虑距离的流变模型

锥形弹簧件表示了弹性应变随距离的变化关系。弹簧的长度表示发生弹性变形区域的大小，弹性系数代表了弹性应变的大小。锥形弹簧的大端，其弹性系数最大，表示的弹性应变也最大，其小端弹性系数最小，表示的弹性应变也最小。

锥形摩阻件表示了塑性应变随距离的变化关系。摩阻件长度表示发生塑性变形区域的大小，摩阻系数表示了塑性应变大小。摩阻件的大端，摩阻系数最大，表示的塑性应变最大；其小端摩阻系数最小，表示的塑性应变也最小。

设锥形弹簧件和锥形摩阻件的长度分别为 l^e、l^p，锥形弹簧件的非线性弹性系数和锥形摩阻件的非线性摩阻系数表示了随距离变化的应变率，分别为 $\dot{\varepsilon}_e(x)$、$\dot{\varepsilon}_p(x)$。

则锥形弹簧件和锥形摩阻件的应变关系可以表示成，

$$\begin{cases} \varepsilon_e(x) = \int_0^x \dot{\varepsilon}_e(x)dx & 0 \leqslant x \leqslant l^e \\ \varepsilon_p(x) = \int_0^x \dot{\varepsilon}_p(x)dx & 0 \leqslant x \leqslant l^p \end{cases} \quad (4\text{-}32)$$

式（4-32）所提出的锥形弹簧件和锥形摩阻件，可以直接反映应力－应变随距离变化而变化的非线性关系，而现有的其他非线性流变元件，基本上直接反映的是应力－应变与距离两者之间的非线性关系。这种反映应力－应变随距离变化而变化的锥形弹簧件和锥形摩阻件，可以直接表示出不同距离的各点处的变形大小，这不仅有益于分析坑壁的变形，而且对于分析控制坑周影响范围内的环境变形，确保坑周构筑物的安全稳定，也具有重要的意义。

2. 距离流变模型

广义宾厄姆（Bingham）模型认为，当应力小于弹性极限时，黏壶件和摩阻件不发生作用，当应力超过弹性极限时，弹簧件、黏壶件和摩阻件共同作用。

弹性区用一个锥形弹簧件表示，弹簧的长度表示了弹性区的大小，靠近塑性区一侧的弹性应变最大，为 ε_e^e，用锥形弹簧件的大端用来表示；靠近未扰动区一侧的弹性应变为零，用锥形弹簧件的小端来表示。

塑性区同时存在弹性变形和塑性变形，用锥形弹簧件和锥形摩阻件来联合表示。塑性区的弹性变形用锥形弹簧件来表示，靠近弹性区一侧的弹性应变等于弹性区锥形弹簧件大端所表示的应变 ε_e^e，靠近坑壁一侧的应变为 ε_p^e。塑性变形用锥形摩阻件表示，靠近弹性区一侧的塑性应变为零，用锥形摩阻件的小端来表示；靠近坑壁一侧的塑性应变最大，为 ε_p^e，用锥形摩阻件的大端来表示。

3. 距离流变模型的本构关系

假设弹性区和塑性区长度分别为 d_e、d_p，则根据式（4-32），如图4-4所示模型的弹性区域和塑性区域的应变，可以表示成

$$\begin{cases} \varepsilon_e(x) = \int_0^x \dot{\varepsilon}_e(x) \mathrm{d}x & x \leqslant d_e \\ \varepsilon_p(x) = \int_{d_e}^x \left[\dot{\varepsilon}_p(x) + \dot{\varepsilon}_e(x) \right] \mathrm{d}x & d_e \leqslant x \leqslant d_p \end{cases} \quad (4\text{-}33)$$

同时，弹塑性区域某点的累积变形可以表示成

$$\begin{cases} \delta_e(x) = \iint_{0 \to x} \dot{\varepsilon}_e(x) \mathrm{d}x \mathrm{d}x & x \leqslant d_e \\ \delta_p(x) = \iint_{0 \to d_e} \varepsilon_e(x) \mathrm{d}x \mathrm{d}x + \iint_{d_e \to x} \int_{d_e}^x [\dot{\varepsilon}_p(x) + \dot{\varepsilon}_e(x)] \mathrm{d}x \mathrm{d}x & d_e \leqslant x \leqslant d_p \end{cases} \quad (4\text{-}34)$$

假设土压力与位移之间的非线性关系可以表示为

$$P = K(u) P_0 \quad (4\text{-}35)$$

式中，u 为位移；P 为位移 u 时对应的土压力；P_0 为未扰动时的土压力，即静止土压力；$K(u)$ 为土压力和位移之间的非线性关系。

从图4-2可以看出，随着距离的变化，各个区域受到的土压力差之和等于坑壁至未扰动区域间的土压力差 $[1-K(\delta)]P_0$，按此关系，图4-3考虑距离的流变模型的本构关系为

$$\begin{cases} \sigma_{\mathrm{e}}(x) = E_{\varepsilon_{\mathrm{e}}}(x) = \left[1 - k\left(\iint_{0 \to x} \dot{\varepsilon}_{\mathrm{e}}(x)\mathrm{d}x\mathrm{d}x\right)\right]P_0 & x \leqslant d_{\mathrm{e}} \\ \sigma_{\mathrm{p}}(x) = \left[1 - k\left(\iint_{0 \to d_{\mathrm{e}}} \varepsilon_{\mathrm{e}}(x)\mathrm{d}x\mathrm{d}x + \iint_{d_{\mathrm{e}} \to x} \int_{d_{\mathrm{e}}}^{x} [\dot{\varepsilon}_{\mathrm{p}}(x) + \dot{\varepsilon}_{\mathrm{e}}(x)]\mathrm{d}x\mathrm{d}x\right)\right]P_0 & d_{\mathrm{e}} \leqslant x \leqslant d_{\mathrm{p}} \end{cases}$$ （4-36）

五、基坑共同变形

（一）基坑共同变形的组成

在土压力的作用下，开挖后处于临空状态的坑壁将带动坑后岩土向开挖一侧发生移动。很多研究表明，坑壁的位移不仅会引起土压力分布和基坑空间性状的差异，而且，坑周一定范围内岩土的变形，均与坑壁位移存在密切的关系。

支护结构的施加，使得坑壁、坑周岩土的这种变形和移动趋势逐渐减缓下来。但支护结构并非绝对刚性，其支护能力的发挥有一个逐步增大的过程，随着支撑的压缩和围护结构的挠曲，坑壁、坑周变形将进一步增大。另外，支护的支撑能力和围护结构抗弯能力也在逐渐增加，抵抗坑壁变形和移动的能力相应增大，坑壁位移尽管仍然增加，但增加的趋势逐渐减小。当支护结构的支护能力增大到和坑壁的侧压作用相当时，坑壁位移增加的速度减小至零，坑壁位移量不再增加。

因此，基坑共同变形分析主要包括对坑周岩土的变形、坑壁即围护结构的变形、支撑的变形，以及对这些变形之间的协调耦合关系进行分析。

（二）基坑共同变形的关键

坑壁位移和坑周岩土的变形之间存在一定的对应关系。在坑内一侧，坑壁在支撑连接处移动多少，与之固结的支撑等则被迫压缩多少，即坑壁的位移和支撑等的变形也存在一定的耦合关系。所以，在基坑共同变形分析时，可以建立"坑壁-坑周"和"坑壁-支撑"两个相对独立的系统。

由此可以看出，基坑共同变形的关键是对坑壁位移量的分析。知道了坑壁位移的大小，即可确定坑周岩土及支撑拉锚等的变形量。

（三）坑壁位移的组成部分

以坑壁的位移为研究对象，由于开挖卸荷作用和岩土的流变特性，基坑开挖后，在支护安装之前的坑壁必然会发生一定的位移，即坑壁初始位移量。

支护安装后，土压力通过围护结构作用于支护，从而使支护产生一定的压缩，支护的压缩变形，必然引起坑壁位移量的进一步增加，这部分坑壁位移为因支护压缩而引起的位移量。

坑壁一侧分布荷载，另一侧在多个集中荷载联合作用下，非绝对刚性的围护结构也将产生一定的挠曲变形，进而引起坑壁位移量的增加，这部分坑壁位移为因围护结构柔性变形引起的位移量。

以上三部分坑壁位移量叠加的结果，就是基坑坑壁最终总的位移量。

（四）基坑共同变形的简化

1. 基坑共同变形简化的假设

为了便于分析和简化计算，提出以下几点假设。

①支撑为直线形弹性杆件，且支撑纵向压缩变形引起的横向变形可以忽略；

②由初始位移、支撑压缩、围护结构挠曲等引起的坑壁变形之间不相互影响；

③在坑壁移动和转动时，土压力作用点和支撑点的位置均不发生变化；

④不考虑施工过程的影响，土压力、支撑力等按等值梁法进行分析计算。

2. 安装前坑壁的初始位移量

支撑安装前坑壁位移的大小或发展趋势，可以按照有关的研究成果，对基坑顶部已发生的初始位移进行计算。以主动侧为例，坑壁土压力和位移、时间之间的非线性关系可以表示成

$$p_\delta = p_0 - K_h \cdot \delta \quad (4\text{-}37)$$

$$p_\delta = p_0 + e^{-nt}(p_a - p_0) \quad (4\text{-}38)$$

式中，p_a 为主动土压力；K_h 为非线性的关系函数；n 为与岩土流变特性相关的系数；t 为从刚开始开挖卸荷到计算时刻的时间，其他符号意义同前。

根据式（4-37）和式（4-38）可以得到坑壁位移与时间之间的对应关系：

$$\delta = \frac{e^{-nt}(p_0 - p_a)}{K_h}$$

根据式（4-39）可确定任意时刻土压力作用点处坑壁所发生的位移量 δ。

3. 初始位移量引起坑壁位移的分布

假定围护结构绕坑壁下部某点 O' 转动，按等值梁法，转动点 O' 即为反弯点。设转动点 O' 距离基坑顶部为 H，坐标原点 O 取于基坑顶部，坐标方向如图 4-6 所示，δ_0 为基坑顶部发生的水平初始位移量。

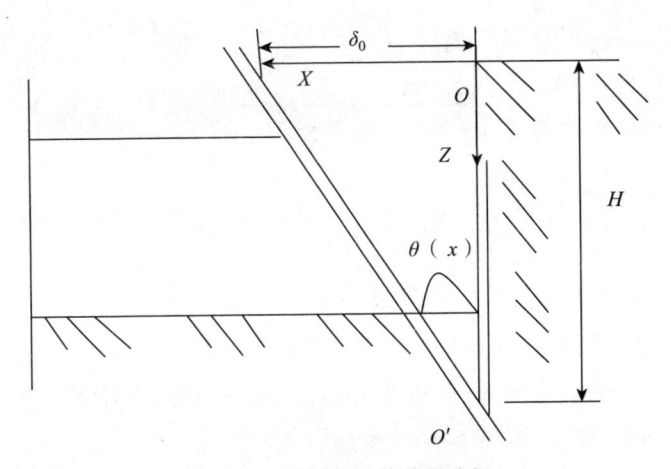

图 4-6 坑壁初始位移量分析

由于基坑初始位移而在基坑深度方向引起的坑壁位移量分布为

$$x = -\frac{z}{H}\delta_0 + \delta_0 \quad (4\text{-}40)$$

如果转动点 O' 在基坑开挖面以上，则因基坑初始位移而在基坑深度方向引起的坑壁位移量为

$$x = \frac{z}{H}\delta_0 + \delta_0 \quad (4\text{-}41)$$

此处，仅以转动点位于基坑开挖面以下的情形进行说明。

另外，为了进一步简化，也可以结合岩土的流变特性及开挖暴露的时间，对 δ_0 进行经验取值，岩土易于流变且暴露时间越长，取值越大，反之，取值越小。

4. 支撑压缩引起的坑壁位移量

设基坑共使用了 n 道支撑，从坑顶向下依次为 a_1，a_2，…，a_n，支撑承受的轴力分别为 N_1，N_2，…，N_n，支撑点到转动点 O' 的距离分别为 h_1，h_2，…，h_n。

支撑的压缩量可以统一表示成

$$\varepsilon_i = \frac{N_i l_i}{EA_i}(i = 1,\ 2,\ \cdots,\ n) \quad (4\text{-}42)$$

以支撑点在深度 Z 轴方向上的坐标为区间，则在基坑深度范围内，由支撑压缩引起的坑壁位移量可分段表示为

$$\begin{cases} x = \varepsilon_1 & (0, H-h_1) \\ x = \dfrac{\varepsilon_i - \varepsilon_{i+1}}{h_{i+1} - h_i} z + \dfrac{(H-h_i)\varepsilon_{i+1} - (H-h_{i+1})\varepsilon_i}{h_{i+1} - h_i} & (H-h_i, h_{i+1}) \\ i = 1, 2, \cdots, n-1 \\ x = -\dfrac{\varepsilon_n}{h_n} z + \dfrac{\varepsilon_n}{h_n} H & (H-h_n, H) \end{cases} \quad (4\text{-}43)$$

5. 围护结构变形引起的坑壁位移量

把围护结构视作弹性地基梁，各支撑点看作铰支连接。以支撑点和反弯点在深度Z轴方向上的坐标为区间，对各区间围护结构的挠曲变形进行计算，所求得的挠曲线即为围护结构柔性变形引起的坑壁位移。

由于反弯点和各支撑点间围护结构的挠曲线形状直接受坑后土压力的影响，而坑后土压力的分布规律和土层、地下水状态、岩土性质等因素有关，因此需要具体情况具体考虑。这里假定各区段挠曲线形状分别为

$$\begin{cases} x = x_0(z) & (0, H-h_1) \\ x = x_i(z) & (H-h_i, H-h_{i+1}) \quad i = 1, 2, \cdots, n-1 \\ x = x_n(z) & (H-h_n, H) \end{cases} \quad (4\text{-}44)$$

6. 坑壁总的位移量计算

坑壁总的位移量为坑壁初始位移量、支撑压缩引起的坑壁位移量和围护结构挠曲变形引起的位移量的总和。

沿基坑深度Z轴方向叠加，即为分段表示的基坑坑壁最终位移量的计算式。

$$\begin{cases} x = -\dfrac{\delta_0}{H} z + x_0(z) + \delta_0 + \varepsilon_1 & (0, H-h_1) \\ x = C_i z - x_i(z) + D_i & (H-h_i, H-h_{i+1}) \\ i = 1, 2, \cdots, n-1 \\ x = -\dfrac{H_{\varepsilon_n} + h_n \delta_0}{H h_n} z + x_n(z) + \dfrac{H_{\varepsilon_n} + h_n \delta_0}{h_n} & (H-h_n, H) \end{cases} \quad (4\text{-}45)$$

其中，

$$C_i = \dfrac{(\varepsilon_i - \varepsilon_{i+1})H - (h_{i+1} - h_i)\delta_0}{(h_{i+1} - h_i)H}$$

$$D_i = \dfrac{(h_{i+1} - h_i)\delta_0 + (H-h_i)\varepsilon_{i+1} - (H-h_{i+1})\varepsilon_i}{(h_{i+1} - h_i)}$$

式（4-45）即为分段表示的基坑坑壁最终位移量的计算式。

六、土压力与位移的非线性关系

根据开挖扰动后形成的应力场和位移场，即可确定土压力与位移之间的对应函数关系 $K(u)$。以坑周仅存在弹性区为例，坑壁处的位移 δ 可以表示成

$$E\delta = \frac{k_0 - k_r}{160}\gamma z\left(-25h - \frac{40}{h}\mu z^2 - 2\mu h\right) - \left(\frac{\mu}{2} - \frac{k_r + k_0}{4}\right)\gamma z h - \frac{\mu q h}{2} + c(z) \quad (4-46)$$

因坑壁土压力为 $p_\delta = k_r\gamma z$，代入，则可以获得一种新的描述土压力 p_δ 和位移 δ 非线性关系的数学模型，即

$$p_\delta = \frac{E}{B}\delta + \frac{A}{B}p_0 + \frac{C}{B} \quad (4-47)$$

式中，A、B、C 为参数，其他符号意义同前。

上述所建立的土压力与位移之间的关系式，是对土压力与位移非线性关系领域研究的一个拓展和丰富。由于塑性区的应力场和位移场求解过程较为烦琐，建立的土压力与位移之间的解析关系式也会非常复杂，故在上述分析中，没有考虑存在塑性区的情形。

七、土压力与位移的非线性关系的直撑

（一）现有直撑的不足

现有基坑支撑结构多为直线形式，简称直撑。直撑设计时多采用极限平衡原理和经典土压力理论。以单支撑为例（多支撑存在类似问题），直撑两端的轴力大小恒等于 $\frac{h_a}{h}p_{cr}$，h_a 为坑后极限土压力；P_{cr} 为作用点距弯矩零点的距离；h 为支撑点距弯矩零点的距离，土压力的作用方向始终沿直撑长度方向不变，且直撑长度 l 在施工前后保持不变。

实际上，坑壁位置和支撑长度都不是一成不变的。在安设直撑前，由于岩土的流变特性和施工扰动，坑壁支撑处已产生了一定的位移 x_0，如图 4-6 所示。直撑安装并发挥作用后，因为材料的弹塑特性，支撑材料必然会产生一定的压缩变形 ε，导致支撑处的位移增大至 x_1（$x_1=x_0+\varepsilon$）。压缩变形 ε 和坑壁位移 x_1 将持续增大，直到坑壁对直撑的挤压作用和直撑对坑壁的抵抗作用相当，即"直撑-基坑"系统达到稳定平衡状态，直撑将不再被压缩，直撑处的坑壁不再发生位变。

（二）轴力与位移的关系

在坑壁发生位移的过程中，因为土压力和位移之间存在非线性关系，所

以土压力大小在不断发生变化。如图 4-7 所示，随着坑壁的转动，土压力与水平方向的夹角也跟着在变，即土压力方向也在不断变化。按力矩平衡原理，直撑力也不是如经典支护设计理论所说的为常量，而是在不断变化。

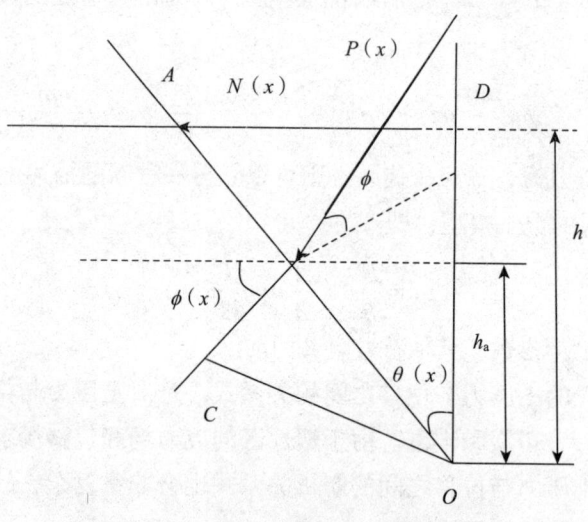

图 4-7 直撑压缩变形和土压力方向

设基坑发生位移后的即时土压力为 $P(z)$，由于 $P(T)$ 的作用方向与挡土结构法线方向夹角等于岩土与挡土材料之间的外摩擦角 ϕ，如图 4-7 所示，则 $P(x)$ 与水平方向的夹角 $\phi(x)$ 可以表示为

$$\phi(x) = \phi + \theta(x) \tag{4-48}$$

式中，ϕ 为岩土与挡土材料之间的外摩擦角，与岩土性质、挡土面粗糙程度、排水条件、填土轮廓形状和地表超载等因素有关，由试验确定；x 为在土压力合力作用点处坑壁的水平位移，可表示为 $x = \dfrac{h_a x_1}{h} = h_a (x_0 + \varepsilon)/h$；$\theta(x)$ 为挡土结构绕转动中心转动的转角，可表示为 $\theta(x) = \arcsin \dfrac{x}{h_a} = \arcsin \dfrac{x_1}{h}$；其他符号意义同前。

假定随基坑坑壁转动的过程中，土压力作用点高度 h_a 并不发生改变。从力矩平衡条件 $\sum M_O = 0$ 可知，直撑轴力可通过基坑土压力表示成

$$N(x) = P(x) \dfrac{h_a \cos\varphi}{h \cos\theta(x)} \tag{4-49}$$

把 $\theta(x) = \arcsin \dfrac{x}{h_a}$ 代入式（4-49），即

$$N(x) = P(x) \frac{h_a^2 \cos\varphi}{h\sqrt{h_a^2 - x^2}} \quad (4-50)$$

即为直撑轴力和坑壁位移之间的关系。

（三）变形与坑壁位移的关系

由于直撑长度相对于其截面大得多，假定直撑长度的变化并不引起其截面大小和形状的改变。令直撑达到平衡状态时的最终压缩量为 ε_1，则

$$\varepsilon_1 = \frac{N(x)}{EA}(1 - \frac{2h}{h_a}x + 2x_0) \quad (4-51)$$

式中，E、A 分别是直撑的弹性模量和截面面积，其他符号意义同前。

整理并化简可得

$$\varepsilon_1 = \frac{h_a \cos\varphi}{EAh} \frac{P(x)(h_a 1 - 2hx + 2h_a x_0)}{\sqrt{h_a^2 - x^2}} \quad (4-52)$$

即为直撑纵向变形与坑壁位移之间的非线性变化关系。

八、卸荷拱效应

（一）形成机理

开挖扰动后，基坑坑壁会与支护结构一起发生变形或者移动，从而带动坑周土体的变形和移动。土体的变形和移动，可能使坑周土体出现不同的变形区域：未扰动区、弹性区、塑性区、破坏区。破坏区的存在不是必然的，如果支护及时且支护刚度足够，使受到扰动而出现的变形能得到很好地控制，便不会出现破坏变形。

在弹性区和塑性区之间，由于变形量的不一致，变形量大的区域因较大的变形而出现相对较大的应力松弛；变形量小的区域因变形发展不能跟上变形量大的区域而不能获得到有效支撑，在压力差、黏聚力、内摩擦力等共同作用下使强度效应得到发挥，变形量小的区域内部的应力开始向两侧发生偏移，从而便在空间形成了卸荷拱。

随着变形量的增加卸荷拱不断变大，在扰动增大到一定程度时，卸荷拱处于极限平衡状态，即形成所谓的平衡拱。如果进一步增加扰动，平衡拱便可能因承受较大的应力差而破坏。

（二）卸荷拱形式

卸荷拱的研究，最根本的问题是摸清拱的接触情况。知道了卸荷拱的接触情况，即可清楚卸荷拱周围的力学状态，进而根据受力情况可以确定卸荷

拱的存在形式。

卸荷拱的接触包括拱背的接触、拱内的接触、拱端的接触。按照现有大多数理论，卸荷拱的形成系由内外岩土相互作用而成，以拱为界，卸荷拱内外岩土基本呈脱离状态，拱外岩土由于拱的支撑作用，基本可以自稳，拱内岩土在卸荷拱和支护结构共同作用下，也呈平衡稳定状态。沿卸荷拱周边，忽略摩擦力、黏聚力和岩土剪切作用的同时，拱各处轴力并不为零，但拱已被调整至合理拱轴位置，拱内不存在弯矩作用。

1. 力学状态分析

基坑中，卸荷拱一般出现在坑周弹塑性过渡区，如果卸荷拱至未扰动区的距离相对卸荷拱矢高要大得多，则忽略卸荷拱形状对卸荷拱至未扰动区之间距离的影响，近似认为卸荷拱上每一点到未扰动区的距离相等。

卸荷拱是因为岩土不均匀变形而自我调节优化的结果，所以可认为沿卸荷拱轴线附近的各点的变形基本一致。

2. 周围压力差

（1）土压力差

由于未扰动区范围较大，因此其区域边界可看作直线，且如果未扰动区到卸荷拱的距离相对于卸荷拱矢高大得多，则可近似认为卸荷拱上各点到未扰动区距离相等，即卸荷拱背侧各处的累积弹性变形量 δ_e 近似相等。另外，坑壁由于支护作用，同一高程的坑壁位移量近似相等。

按照以上近似处理，结合土压力与位移之间的关系式，则卸荷拱内外侧的土压力差可以表示为

$$p=[K(\delta_e)-K(\delta)]p_0 \quad (4\text{-}53)$$

式中，P 为卸荷拱内外侧的压力差；δ 为卸荷拱拱背侧岩土的累积弹性变形量。

卸荷拱左右两侧因岩土变形或者移动形成的土压力差可以表示为

$$q=[K(\delta_e)-K(\delta_e+\frac{y}{f}\delta_p)]p_0 \quad (4\text{-}54)$$

式中，δ_p 为卸荷拱内部岩土的累积变形量；q 为卸荷拱两侧的压力差，$y=0$ 时，$q=[K(\delta_e)-K(\delta_e+\frac{y}{f}\delta_p)]p_0=0$，当 $y=f$ 时，$q=[K(\delta_e)-K(\delta_e+\delta_p)]p_0$，近似认为 q 呈三角形分布。

（2）累积变形量

压力差 p、q 确定的关键是确定出卸荷拱周围的累积变形量 δ_e、δ_p。

在确定卸荷拱周围的累积变形量，又需要知道扰动后坑周的变形范围和发生变形的大小。

变形特性是岩土的固有特性，变形的大小可以通过监测或者试验得到；变形的范围采用显著影响范围 AIR 定义，即

$$\text{AIR} = (H + D)\tan(45° - \frac{\varphi}{2}) \quad （4-55）$$

式中，AIR 为显著影响范围；H 为基坑开挖深度；D 为基坑挡土墙入土深度。

坑周变形量随距离的变化关系如图 4-8 所示，图中，假定随距离的增加，扰动区各处的变形近似按线性逐渐减小。根据变形和距离即可求得累积变形量，反映在图 4-8 中，即为从右端 A 点向 B 点算起，图形的面积。

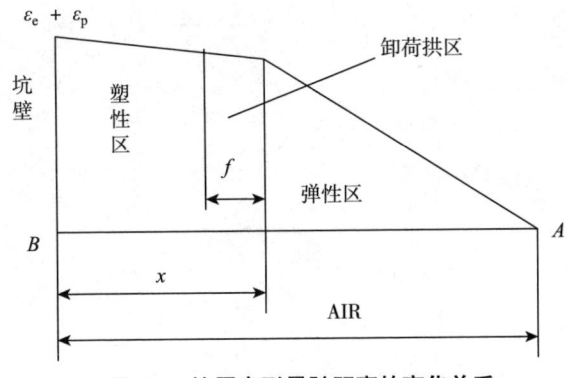

图 4-8 坑周变形量随距离的变化关系

令塑性区域宽为 x，则弹性区域为 AIR$-x$，且有

$$\delta = \frac{\varepsilon_e(\text{AIR} - x)}{2} + \frac{(\varepsilon_e + \varepsilon_e + \varepsilon_p)x}{2} \quad （4-56）$$

式中，ε_e 为弹性限时的极限弹性变形；ε_p 为塑限时的极限塑性变形；x 表示塑性变形区宽度，由于假定坑壁不允许出现破坏，亦即弹塑性边界到坑壁的距离。ε_e、ε_p 为具体的岩土特性指标，其他符号意义同前。

根据式（4-56）即可求得弹性区和塑性区的大小。

$$x = \frac{2\delta - \varepsilon_e \cdot \text{AIR}}{\varepsilon_e + \varepsilon_p} \quad （4-57）$$

则，弹性区的累计变形量和塑性区的累计变形量可以表示成

$$\delta_e = \frac{2\text{AIR} \cdot \varepsilon_e + \text{AIR} \cdot \varepsilon_p - 2\delta}{2(\varepsilon_e + \varepsilon_p)} \varepsilon_e \quad （4-58）$$

$$\delta_p = \frac{(\varepsilon_e \varepsilon_p + \varepsilon_p^2)f^2}{4\delta - 2\text{AIR} \cdot \varepsilon_e} - \frac{2\delta \varepsilon_e + \text{AIR} \cdot \varepsilon_e \varepsilon_p}{2\varepsilon_e + 2\varepsilon_p} + \varepsilon_e(f + \text{AIR}) \quad （4-59）$$

联合式（4-53）~式（4-59）即可求得卸荷拱周围的压力差 p、q。获得了卸荷拱周围的应力分布，即可求得卸荷拱和平衡拱的大小。

3. 卸荷拱轴线

以半拱为研究对象，左右半拱之间相互作用力为 N_0，拱脚分别承受水平向作用力 F_x 和竖直向作用力 F_y。

由静力平衡条件可得

$$\sum X = 0, \quad N_0 - F_x - \frac{qf}{2} = 0 \quad (4\text{-}60)$$

$$\sum Y = 0, \quad p\frac{l}{2} - F_y = 0 \quad (4\text{-}61)$$

$$\sum M_0 = 0, \quad F_y \frac{l}{2} - p\frac{l}{2} \cdot \frac{l}{4} - q\frac{f}{2} \cdot \frac{2f}{3} - F_x f = 0 \quad (4\text{-}62)$$

联立方程可得

$$F_y = p\frac{l}{2}$$

$$F_x = \frac{pl^2}{8f} - \frac{qf}{3}$$

$$N_0 = \frac{pl^2}{8f} + \frac{qf}{6}$$

在卸荷拱上取截面 K，其截面形心坐标为 (x, y)，截面方向角为 θ，截面上的内力有轴力 N_K、剪力 Q_K，以截面 K 左侧为研究对象。

由平衡条件可得

$$\sum x = 0, \quad N_K = \left(\frac{pl^2 - 4qy^2}{8f} + \frac{qf}{6}\right)\cos\theta + px\sin\theta \quad (4\text{-}63)$$

$$\sum Y = 0, \quad Q_K = \left(\frac{pl^2 - 4qy^2}{8f} + \frac{qf}{6}\right)\sin\theta - px\cos\theta \quad (4\text{-}64)$$

$$\sum M_K = 0, \quad N_0 y - \frac{q}{f} y \cdot \frac{y}{2} \cdot \frac{y}{3} - px \cdot \frac{x}{2} = 0 \quad (4\text{-}65)$$

联立式（4-63）~式（4-65）即有

$$4qy^3 - (3pl^2 + 4qf^2)y + 12pfx^2 = 0$$

即为所求卸荷拱的轴线形式。

4. 拱高和跨度

假定拱脚已经处于某种平衡状态，则此时水平向应力和竖直向应力应满足一定的关系。按莫尔－仑伦强度准则，水平作用力 F_x 和竖直作用力 F_y 之间应存在如下关系

$$F_y = c + F_x \tan\varphi \quad (4\text{-}66)$$

可得

$$\frac{pl}{2} = c + \left(\frac{pl^2}{8f} - \frac{qf}{3}\right)\tan\varphi \tag{4-67}$$

拱脚截面处的轴力 N_A 和剪力 Q_A 为

$$N_A = \left(\frac{pl^2}{8f} - \frac{qf}{3}\right)\cos\theta_A + \frac{pl}{2}\sin\theta_A \tag{4-68}$$

$$Q_A = \left(\frac{pl^2}{8f} - \frac{qf}{3}\right)\sin\theta_A + \frac{pl}{2}\cos\theta_A \tag{4-69}$$

式中，Q_A 为拱脚截面的方向角。

对 O 点取力矩，由 $\sum M(O) = 0$ 可得

$$(N_A\sin\theta + Q_A\cos\theta_A)\frac{1}{2} + (Q_A\sin\theta_A - N_A\cos\theta_A)f - \frac{pl^2}{8} - \frac{qf^2}{3} = 0 \tag{4-70}$$

$$\left(\frac{pl^2}{4} - \frac{2}{3}qf^2\right)\tan^2\theta_A + \left(\frac{pl^3}{8f} - plf - \frac{qlf}{3}\right)\tan\theta_A - \frac{1}{2}pl^2 = 0 \tag{4-71}$$

由 $y'|_{x=\frac{1}{2}} = \tan\theta_A$，可得

$$\left(\frac{qf}{3} - \frac{pl^2}{8f}\right)\tan\theta_A + \frac{pl}{2} = 0 \tag{4-72}$$

即

$$\begin{cases} \dfrac{pl}{2} = c + \left(\dfrac{pl^2}{8f} - \dfrac{qf}{3}\right)\tan\varphi \\ \left(\dfrac{qf}{3} - \dfrac{pl^2}{8f}\right)\tan\theta_A + \dfrac{pl}{2} = 0 \\ \left(\dfrac{pl^2}{4} - \dfrac{2}{3}qf^2\right)\tan^2\theta_A + \left(\dfrac{pl^3}{8f} - plf - \dfrac{qlf}{3}\right)\tan\theta_A - \dfrac{1}{2}pl^2 = 0 \end{cases} \tag{4-73}$$

即可求得卸荷拱的矢高和跨度大小。

（三）平衡卸荷拱

在卸荷拱发展到极限平衡状态时，卸荷拱的跨度 l 近似等于外部约束作用点之间的距离，对于疏排桩式等挡土结构，l 即为两桩之间的距离，对于连续墙和密排桩等挡土结构，l 近似为坑壁的宽度。

设疏排桩桩距或坑壁的宽度为 B，结合相关公式，即可得到极限平衡状态时，平衡拱的跨度、矢高和轴线形式。

九、坑中坑基坑的变形特性

随着建筑结构的多样化，主副裙楼等建筑，尤其是高层结构的电梯井、集水井、设备等附属结构设施，导致绝大部分基坑坑底并不是简单的平面，而是出现了大量深浅不一的坑中坑基坑形式。

坑中坑基坑，不同于一般的基坑形式，其应力、应变关系，与常规单基坑有很大的差异，加之岩土体的区域性和力学性质的差异，使得坑中坑基坑的土压力和变形在时间与空间上变得尤为复杂。目前，对坑中坑基坑的系统性研究并不多，对坑中坑基坑变形规律的认识程度，直接影响着基坑工程和后续工程的安全与稳定。因此，很有必要对坑中坑基坑的基本特性进行探讨。

（一）坑中坑基坑的分布类型

由于土拱效应和应力集中作用的影响，开挖卸荷后的坑壁平面上若为曲线，则比直线形的坑壁具有较好的受力状态，即圆形基坑相对于矩形基坑，其坑壁具有较好的稳定性。而且，现有大部分内坑，如电梯井、集水坑等，多为矩形形式。

鉴于这一实际，拟以直线型坑壁的矩形基坑为研究对象，将坑中坑可能的布设形式，划分为以下 5 种基本类型。

1. 整边型

整边型坑中坑基坑的分布特征为内坑位于外坑内部，在一个方向上内、外坑的两侧坑壁重合在一起；在另一个方向上，一侧内坑坑壁和同侧的外坑坑壁重合在一起，但在另一侧，内、外坑坑壁有一定的距离，即内、外坑三边重合共线，仅一侧边保持有一定距离。

该类型坑中坑较为常见，多为主副裙楼、设备基础等形式。

2. 边角型

边角型坑中坑基坑的分布特征为内坑位于外坑内部，内坑坑壁和外坑坑壁有两侧共边，其他两个方向的内、外坑坑壁均有一定距离。

该类型坑中坑不怎么常见，多为设备基础坑、集水坑、电梯井等形式。

3. 正中型

正中型坑中坑基坑的分布特征为内坑位于外坑内部，但内、外坑不重合，其 4 个方向均保持有一定距离。

该类型坑中坑较为常见，多为集水坑、电梯井、设备基础坑、主副裙楼等形式。

4. 贯穿型

贯穿型坑中坑基坑的分布特征为内坑位于外坑内部，在一个方向上内、外坑坑壁重合在一起；在另一个方向上，内坑坑壁和同侧的外坑坑壁有一定的距离。

该类型坑中坑不常见，多为主副裙楼、设备基础等形式。

5. 临边型

临边型坑中坑基坑的分布特征为内坑位于外坑内部，内坑坑壁和外坑坑壁有一侧共边，其他3个方向的内、外坑坑壁均有一定距离。

该类型坑中坑较为常见，多为设备基础坑、电梯井、集水坑等形式。

（二）坑中坑基坑的变形机制

由于土层赋存和分布的区域不尽相同，土体种类繁多，开挖卸荷后所引起的土体应力-应变在各时间段则呈现各向异性。

以下分析均假定岩土体为半无限空间体，且其材料特性为均质各向同性。

1. 定性分析

（1）外坑开挖前

外坑开挖前，经过长期的沉积和构造作用，其基坑周围的土体已基本稳定，土体内部的应力场、沉降变形场、渗流场等，也基本处于相对动态平衡状态，这方面的研究较多。

（2）内坑开挖前

内坑开挖前，外坑基本已开挖到设计标高，此时作为内坑初始开挖的土体环境，已不同于单基坑时的情形，而是受外坑施工扰动的影响，发生了较大程度的变形。对外坑施工后的土体变形状态，尤其是内坑即将施工时的岩土环境进行分析，是研究坑中坑基坑的变形规律、合理有效地对坑中坑基坑进行设计和支护的关键。

在卸荷效应的影响下，外坑开挖后坑壁将发生向坑内的倾斜变形，坑底将发生不同程度的隆起。这种倾斜和隆起，随土体性质和基坑开挖规模不同而不同。

当土体性质较差时，坑壁自稳能力极差，在基坑开挖深度较小时，坑壁便开始发生较大的倾斜流变，坑底发生较大的隆起变形。如果基坑开挖平面较大，坑底整体变形可能呈双圆弧形或多圆弧形；如果基坑开挖平面不大，则坑底整体变形可能呈单圆弧形。

当开挖深度增加时，坑壁便可能向坑内整体滑塌，坑底隆起会发生明显差异，甚至出现隆起破坏。

当土体性质较好时，坑壁具有一定的自稳能力，开挖深度较浅时，坑壁倾斜变形较小且多发生在局部区域。随着开挖深度的增加，坑壁变形逐渐增大，坑底隆起可能在基坑开挖到较大深度时才会发生，且其隆起变形的形状，除非基坑开挖平面大得多的情况外，也多呈单圆弧形。

（3）内、外坑平面相对位置的影响

由以上分析可以看出，开挖内坑时，内坑的初始岩土状况和外坑的初始岩土状态有了很大的不同，不再是外坑开挖之前的近于平衡的状态，而是外坑形成过程中被扰动过的岩土状态，这种应力状态下的岩土模量及其他参数，都发生了很大的变化。

外坑所引起的岩土变形，由于外围基坑平面规模、开挖深度及岩土特性等的不同，各处存在较大的差异。因此，当内坑的大小不同，以及内坑处于外坑不同位置时，内坑的初始状态便不一样，由此可能引起内、外坑的进一步不同变形，内、外坑之间的变形耦合关系也存在较大的差异。

如图4-9所示，当内坑位于 A、B、C、D、E 点处时，坑周岩土变形状况，内、外坑变形耦合关系，可能引起的破坏情况等，便不完全一样。

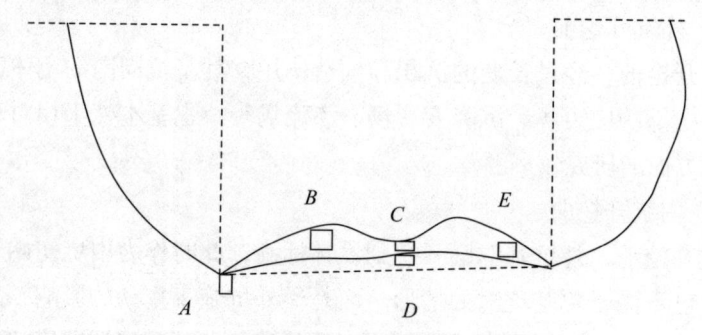

图4-9 不同坑内位置时基坑的变形分析

A点为内、外坑有至少一边的部分或全部重合的情形，相应情况有临边型、整边型、边角型。

B、D 点为内坑位于外坑坑底中间且坑底隆起变形最大位置的情形，相应情况包括5种基本类型。

C点反映的是内坑位于外坑坑底正中间，但外坑坑底变形未必最大的情形，相应情况包括5种基本类型。

E点为内坑位于外坑内部，但内、外坑之间的距离小于内坑的开挖影响范围，相应情况包括贯穿型、正中型。

当内坑位于外坑坑底 B、D 点时，因为内坑施工相当于对外坑变形土体的挖除卸载，从而使得内坑周围的岩土体附加应力减弱，由此而引起的沉降等变形降低；同时，内坑开挖后，其坑壁内倾变形必然导致内坑周围一定范围内土体的下沉，外坑坑底，即内坑坑周的变形，将得到一定程度的削弱，甚至可能比内坑施工前的变形还要小。由于内坑平面尺寸较小，开挖深度有限，其底部四周受到外坑坑底土体的压覆和限制作用，内坑坑底的变形，尽管有所增加，但较之外坑坑底整体降低至内坑坑底可能产生的变形，其增大的幅度要小。

由于外坑的卸荷效应及扰动作用，内坑周边土体已发生一定程度松动，其稳定性也受到较大影响，此时内坑坑壁的变形，较从原地面开挖同内坑深度及大小同等规模的基坑，可能引起的变形要大。

不共边侧的坑壁，当内、外坑壁距离较远，并大于基坑开挖影响范围时，内、外坑坑壁的变形，相互之间基本无影响；当内、外坑坑壁距离在内坑开挖影响范围内，坑壁变形会增大，但由于内、外坑坑壁之间土体的压覆作用，相当于对内、外坑总深度一样深的基坑的坑脚附近土体进行了加固堆载，外坑坑壁变形增加的程度没有共边侧及内、外坑坑壁重合时的坑壁的变形增大得多。同时，这种变形量的增加，随共边程度的增加而增加，当内、外坑共边侧的坑壁长度一样长时，变形量最大，内、外坑共边侧的长度不一样长时，随两者长度差的增加，变形量减小。

当内坑位于外坑坑底 C 点情形时，内坑坑底变形规律，与 B、D 点变形规律类似，但由于周围外坑土体变形的影响，内坑坑壁正好处于变形增大的区域，其坑后土体变形最大，土体尤为松散，无形中使内坑坑壁的土体受到扰动的程度增大，稳定性降低，从而内坑坑壁的变形，较 B、D 点情形时，要稍大一些。

当内坑位于外坑坑底 E 点情形时，由于外坑坑底变形程度的不一致性，内坑坑底变形规律，与 B、C、D 点变形规律不完全一样，靠近外坑中央部分一侧的内坑坑底变形较大，靠近外坑坑脚一侧的变形较小，但由于内坑平面面积较小，这种差异可能并不很明显。同样，由于外坑变形的影响，内坑各坑壁的变形，也存在较大差异，靠近外坑中央部分的一侧坑壁，其变形大于对面（靠近坑壁）一侧的坑壁变形。

当内、外坑坑壁之间的距离在内坑开挖影响范围之内，受外坑坑壁变形的影响，靠近外坑坑壁一侧的内坑变形将会增大很多，甚至大于内坑对面一侧坑壁的变形。内坑坑壁的这种变形，在一定程度上，将减小外坑坑脚周围土体的支挡能力，从而加剧外坑坑壁的变形。

当内坑位于外坑坑底 A 点情形时，内坑坑底变形规律和位于 E 点处的变形规律类似，但其内、外坑坑壁重合共边的一侧，相当于增大了外坑的开挖深度，会较大程度地影响外坑坑壁的变形，比位于 E 点处对外坑坑壁的变形影响要大。但 A 点靠近外坑中央部分一侧的内坑坑壁，由于外围岩土变形相对较小，则比位于 E 点处的内坑，其靠近外坑中央部分的坑壁一侧的变形要小一点。

（4）坑壁距离的影响

当内、外坑坑壁之间的距离较远，且大于内坑开挖深度影响范围时，内、外坑坑壁之间的变形相互之间基本无影响。可单独对内、外坑进行分析设计，但此时应考虑外坑坑底的变形，可能对内坑整体变形及稳定性的影响，以及内坑施工对外坑"踢脚范围"可能造成的影响。

所谓"踢脚范围"是指坑壁整体稳定性不足时，围护结构或坑壁土体可能沿滑裂面滑出坑底的位置至坑脚之间的距离。

如果内、外坑坑壁之间的距离，小于内坑开挖深度影响范围时，内、外坑坑壁之间的变形会相互影响，而且内、外坑坑壁之间的距离越小，这种影响越大。

开挖影响范围，在工程界和学术界，尚未有明确而准确的一种定义，一般理解为基坑周边 $1\sim3$ 倍基坑开挖深度的范围，即为基坑开挖影响范围，土质较好取 1 倍基坑深度，土质较差取 3 倍基坑深度。

内坑的开挖影响范围，并不完全等同于单基坑上述定义的开挖影响范围，由于受开挖扰动的影响，外围基坑坑壁及坑底的岩土参数，必然随应力路径的变化而发生变化，由此而引起内坑周边环境不再是"平衡态"和"固结密实态"，而是扰动并发生变形的土体，其开挖影响范围多数情况下会增大，有时也可能减小，这种变化的幅度和范围，有待进一步研究。

根据工程实践及经验，在设计施工时，可以考虑扰动后内坑的开挖影响范围，取 $1.0\sim4.0$ 倍内坑开挖深度的范围，土质越好，扰动程度越小，取小值，反之取大值。

（5）内坑大小对变形的影响

内坑平面尺寸较小，内坑施工时，内坑对外坑坑壁的影响相对较小，挖除外坑坑底变形土体量较小，对外坑坑底的变形削弱作用也越小。

当内坑平面尺寸增大时，涉及外坑的变形区域相应增大，由于外坑开挖后各区域的变形程度不一致，内坑开挖及支护时需要考虑的变形环境便不一样。

而且，随着内坑平面尺寸的增加，内坑的施工及形成，对外坑坑壁变形的影响程度可能增大，并且挖除外坑坑底土方量增大，相应增强了对外坑坑底的变形削弱作用，但当内坑平面尺寸增大到一定程度时，相当于外坑坑底进一步大面积挖深,则内坑的施工,对外坑坑底变形的削弱作用不再增加,反而会加剧外坑坑底的隆起变形。

(6)内坑深度的影响

内坑深度的增加,会加大内坑的开挖影响范围,同时增大对坑底土体的卸荷作用,从而增加内坑坑底隆起变形,增大内坑坑壁的内倾变形,在内、外坑坑壁距离较近时,亦会引起外坑坑壁变形的增大,甚至造成外坑坑壁的整体失稳。

2. 定量分析

(1)单独分析

单独分析是指内、外坑之间的应力及变形单独进行分析,分别考虑其适用的支护措施。相互之间的影响可以用静态分析,甚至不用考虑。仅在支护实施上,要综合考虑彼此的协调性和搭配性即可。

这种情况适用于内、外坑之间的间距,大于内坑的开挖影响范围。

首先,根据具体工况,确定内、外基坑的临界开挖深度 z_0:

$$z_0 = \frac{2c}{\gamma\sqrt{K_a}} - \frac{q}{\gamma} \tag{4-74}$$

式中,c 为土体黏聚力;γ 为土体重度;K_a 为静止土压力系数;q 为坑顶超载。

当内、外坑的开挖深度小于临界开挖深度动时,则可直接垂直开挖,或者适当少量放坡。

当基坑开挖深度大于该临界开挖深度 z_0 时,则按有关稳定性分析方法,对内、外坑的稳定性进行单独分析,并考虑适用的支护方法。

(2)耦合分析

耦合分析,是指内、外坑相互之间的应力状态和变化趋势存在耦合关系,分析时要同时考虑内、外坑之间存在的这种影响。

耦合关系的建立多是综合考虑内、外坑之间的综合作用,以及由此引起的应力场和位移场的叠加分布规律。

①基于弹性原理的耦合分析。

根据建立的考虑土压力与位移非线性关系的理论分析模型,在此基础上,建立如图 4-10 所示的立面弹性模型。

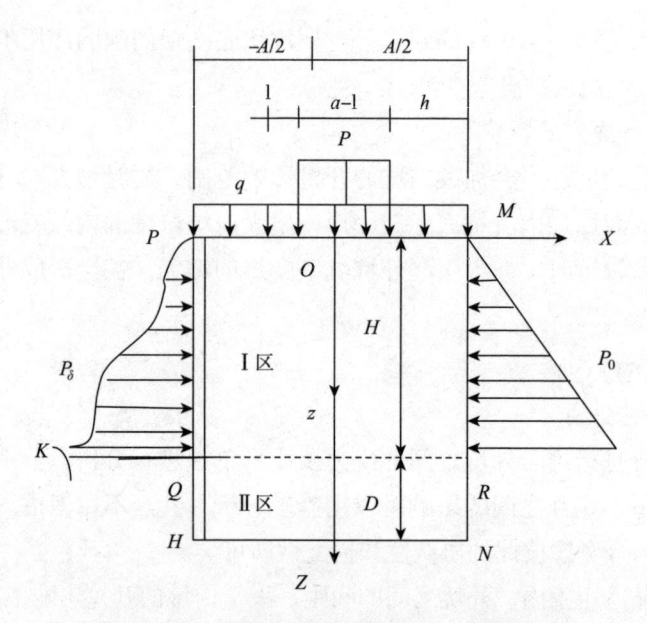

图 4–10　坑周应力场和位移场的立面弹性模型

KQ 为开挖面；*PQ* 为坑壁

图 4-10 中，q 表示外坑开挖后的卸荷荷载，P 表示内坑开挖后的卸荷荷载。按照叠加原理，将内坑开挖后的卸荷荷载 P 提取出来，单独进行分析，即为图 4-11 所示的情形。

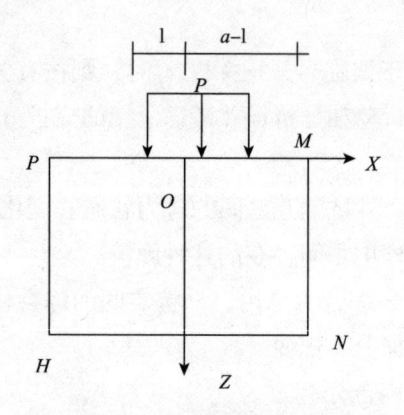

图 4–11　内坑卸荷作用立面弹性模型

分析时，先求出图 4-11 所示情形下的应力场、位移场分布，再叠加至图 4-10 所示情况的应力场、位移场，即可求得考虑内、外坑综合作用时，整个模型的应力场和位移场分布。

图 4-11 所示情况下的应力场分布为

$$\begin{cases} \sigma_x = -\dfrac{p}{\pi}\left[\left(\tan^{-1}\dfrac{x+1}{z}-\tan^{-1}\dfrac{x-a+1}{z}\right)+\left(\dfrac{z(x+1)}{z^2+(x+1)^2}-\dfrac{z(x-a+1)}{z^2+(x-a+1)^2}\right)\right] \\ \sigma_z = -\dfrac{p}{\pi}\left[\left(\tan^{-1}\dfrac{x+1}{z}-\tan^{-1}\dfrac{x-a+1}{z}\right)+\left(\dfrac{z(x+1)}{z^2+(x+1)^2}-\dfrac{z(x-a+1)}{z^2+(x-a+1)^2}\right)\right] \\ \tau_{xz} = -\dfrac{p}{\pi}\left[\dfrac{z^2}{z^2+(x-a+1)^2}-\dfrac{z^2}{z^2+(x+1)^2}\right] \end{cases}$$

为了反映开挖扰动可能引起的土体模量等参数变化可能对应力场、位移场的影响，卸荷荷载 P 就不简单取内坑开挖范围内单位土体的静止重量弦，可以考虑因变形影响后的系列变化，如土体重度 γ、土柱高度 z 等的变化。

②基于规范原理的耦合分析。

根据规范关于坑顶局部及均布荷载对土压力的影响分析计算方法，可以借鉴坑中坑基坑问题的处理方法。

内部基坑其安全稳定性分析，以及可能用到的支护措施设计，应考虑到外坑坑壁对内坑周土体的推移作用。外坑的分析设计，不按外坑坑底的设计标高，而是以内坑坑底的设计标高进行。内坑周围的土体，按坑脚局部荷载进行考虑。

q_1、q_2 为内坑坑周土体的竖向荷载，可看作局部分布荷载，如果内、外坑壁距离较远时，可以看作均布荷载，大小等于相应土体的重力，即

$$q_1 = q_2 = \dfrac{1}{2}\gamma z^2 \qquad (4\text{-}75)$$

式中，γ 为土体重度；z 为内坑深度。

q_3 为内坑坑周堆载引起的侧向作用力，其大小根据内、外坑壁之间的距离不同，按内坑坑周土体可能引起的土压力及其内部的摩阻效应确定。

内坑坑周土体可能引起的土压力，由于其处于外坑的被动区域，一般按被动土压力考虑，即

$$\sigma_3 = k_p\gamma z + 2c\sqrt{k_p} \qquad (4\text{-}76)$$

式中，σ_3 为内坑坑周土体在内坑深度范围内产生的被动土压力强度；k_p 为被动土压力系数；c 为土体内部黏聚力。通过 σ_3 即可求得按土压力思路时相应的 q_3。

内坑坑周土体内部的摩阻效应，一般按土体自身重力乘以土体内部的摩擦系数，即

$$q_3 = \mu\cdot\dfrac{\gamma zh}{\mu}\cdot\gamma z(A-a-h) \qquad (4\text{-}77)$$

式中，μ 为土体内部的摩阻系数。

依据式（4-77）可以求得两种情况下的 q_3，取两者之间的小值，作为对外坑坑壁稳定性分析的水平荷载。

在求得 q_1、q_2 后，可按分布荷载，对 q_1、q_2 引起的土压力进行分析计算。

（三）坑中坑基坑问题处理方法

1. 系统分析

根据理论分布模型及定性定量变形分析可以看出，不同的分布形式，变形发展规律是不同的，内、外坑相互之间的影响关系也不一样。

因此，对于坑中坑基坑问题，其分析思路及步骤如下。

（1）搜集资料

详细了解并收集坑周环境，岩土层分布及力学性质，内外坑平面尺寸、深度及相互位置关系等。

（2）确定坑中坑类型

坑中坑类型不同，内、外坑的平面位置则不同，相互之间的变形影响亦不一样。

（3）确定内坑开挖影响范围

根据掌握的资料，确定内、外坑之间的距离，是否大于内坑的开挖影响范围。

（4）单独分析

如果内、外坑坑壁之间的距离，大于内坑的开挖影响范围，则可单独对内、外坑的开挖及支护情况进行分析。

此时，应考虑外坑施工后坑底的变形，可能对内坑开挖及支护的影响，同时，应考虑外坑在整体稳定性不足时，若发生滑动可能对内坑的影响。在土质较好，且外坑支护强度足够的情况下，可以完全按照两个独立的基坑进行设计及施工。

（5）耦合效应分析

如果内、外坑坑壁之间的距离，小于内坑的开挖影响范围，则应联合考虑内、外坑之间可能的变形影响，从而进行设计和施工。

此时，如何考虑内、外坑之间的相互作用，尤其是内、外坑间土体及坑周土体的作用，合理确定外坑的计算深度，是问题分析的关键。

2. 简化分析

以上分析，需要大量的数值计算工作，在实际工程中，也可按以下简化方法进行分析设计。

在分析内坑的稳定性时，将外坑看作超载考虑。但未明确外坑分析时，如何考虑外坑的计算深度及内坑的影响。

在内、外坑坑壁距离较近时，将内、外坑坑壁之间的土体，看作对外坑坑脚进行堆载加固，以此来分析外坑的稳定性。

对于外坑的计算深度，为保险起见，建议取至内坑坑底。若坑底土质较好，内、外坑坑壁之间的距离大于内坑开挖影响距离的一半以上，可以相应减小外坑的计算深度，甚至取外坑计算深度为外坑的实际深度。

第二节 土与支护的作用分析

一、接触面的非线性弹性

（一）非线性弹性的构建思想

经过对土与支护结构间的相互关系分析发现，土与支护结构之间存在的接触带和接触带内部土体变形已经被众多研究人员所认可。当接触带切向应力较小时，会产生剪切变形；当接触带切向应力较大时，切向变形将无限延伸。对基坑支护中土与支护结构研究时，可提出非线性弹性 - 理想塑性模型（NEPP）。在此模型中，利用双曲线非线性弹性模型表示屈服前解析表面上非线性剪切特性；利用完全塑性理论对屈服后接触带的错动变形进行表示。

（二）NEPP 模型弹性塑性矩阵

根据弹性塑性理论，可以将接触带内土体的变形划分成塑性变形和非线性变形两种，增量可表示为 $\{d\varepsilon\}=\{d\varepsilon^e\}+\{d\varepsilon^p\}$；接触带和弹性应变关系可以表示为 $\{d\sigma\}=[D_e]\{d\varepsilon^e\}$。

如果不考虑切向和法向耦合，可以将接触面弹性系数矩阵表示成：

$$D_e = \begin{bmatrix} D_{nn} & \cdots & 0 \\ \vdots & & \vdots \\ 0 & \cdots & D_{ss} \end{bmatrix}$$

式中，D_{nn} 为界面向量，其与法向相对位移具有曲线关系；D_{ss} 为界面切向模量，是切向应力的函数。

二、接触带单元非线性有限元计算

（一）接触带单元厚度确定

接触带单元厚度确定是影响计算精确度的主要因素。只有合理确定好接触带单元厚度,才能真实地反映存在的情况。相关人士经过研究,将接触带单元范围控制在 0.01～0.10。虽然此范围比较合理,但是由于确定时难以把握,而且单元厚度与单元长度及错动位移有联系,因此,取值时应该取最小值。接触带单元厚度不仅和以上因素有关,还与荷载外界条件具有很大联系。进行单位厚度确定时,可以利用试算法进行确定,将厚度确定为 0.01B、0.02~0.10B,并将其和实际测量值进行比较。

(二)非线性迭代方法

我们可以使用非线性迭代方法对接触面的应力-应变非线性关系进行计算。主要使用修正牛顿-拉夫孙(Newton-Raphson)进行迭代计算。将接触面两侧物体按弹性模型计算,用 i 表示施加荷载次数,计算如下。

第一,完成第 i-1 次增加计算后,可以将此区域屈服函数不等式表示为 $f(\sigma_{i-1}) \leq 0$,如果将应力、应变和位移表示为 σ_{i-1}、ε_{i-1}、u_{i-1},接触带单元应力矩阵可以表示为 D_{i-1}^e;

第二,施加荷载后,可以得到弹性位移增量为 ΔU_i;

第三,根据弹性位移增量对线性应变求解,与前一步施加真实又叠加为 $\sigma_i = \sigma_{i-1} + \Delta \sigma_i^e$,最后根据运算得出塑性系数;

第四,根据应力矩阵和屈服函数得出流动向量,并计算塑性矩阵;

第五,确定塑性矩阵后,求出等效节点荷载;

第六,求出残差力 $R_f = f_i - F_i$,得出不平衡残差力产生的额残差位移;

第七,计算总位移,根据非线性弹性应力矩阵得出弹塑性系数矩阵,同时完成全部增量;

第八,计算出节点位移、应变和应力。

第三节 基坑支护结构的受力分析

针对基坑工程中可能影响结构内力及变形的主要因素进行分析,以求在以后的基坑工程设计中能够根据周边的环境情况等因素,选择合理有效的基坑支护体系,从而达到设计方案合理、技术安全等目的。

一、不同设计方案下基坑支护结构内力分析

以上某区较具有代表性的开挖深度为 15.0m、宽度为 18.0m 的长条形地铁车站基坑作为分析对象,并在分析过程中对基坑的水文地质环境进行适当简化。基坑土体假定为均质低透水性淤泥质黏土,天然容重 γ=18.0kN/m³,

黏聚力 C=15.0kPa，内摩擦角 ϕ =12°；地下水位为设计地面标高下 0.5m；计算主动土压力时施工阶段按水土合算考虑；基坑围护体系内力计算采用当前最通用的弹性地基杆系有限元法。

（一）800 地下连续墙，四道 ϕ 609 钢支撑

假定 800 地下连续墙，四道 ϕ 609 钢支撑，可做出以下三种方案。

①考虑到地下连续墙刚度大、整体性能好等优点，开挖深度为 15m 的基坑一般选择 600～800 地下连续墙作为围护结构，内部支撑体系采用竖向四道、纵向间距 3m 的 ϕ 609 钢支撑，两者

组合形成基坑开挖阶段的支护结构。计算模拟基坑的开挖过程，计入围护墙体的先期位移并考虑"时空效应"的影响。

②对坑底做加固处理。在①基础上对基坑开挖坑底用水泥土搅拌桩进行地基加固，加固后地基土体竖向及水平向基床系数增加至 30 000.0kN/m²。

地基加固可有效增加基坑底部的抗隆起稳定性，并在围护墙被动区产生较大土抗力。

③第一道钢支撑设置于墙顶。基坑的围护结构仍选用 800 地下连续墙，其内部支撑体系做以下调整：第一道 ϕ 609 钢支撑撑于地下墙顶的顶圈梁处；增加其余三道 ϕ 609 钢支撑间的竖向间距。这样调整支撑的目的是减小无支撑开挖的深度和基坑初期开挖的变形。

（二）800 地下连续墙，五道 ϕ 609 钢支撑

基坑的围护结构仍选用 800 地下连续墙，其内部支撑体系做以下调整：将第一道 ϕ 609 钢支撑尽量靠近地面布置，最下一道钢支撑位置不变，减小其余 ϕ 609 钢支撑间的竖向距离，支撑由方案一的四道 ϕ 600 钢支撑调整为五道 ϕ 600 钢支撑。基坑方案经过这样调整后减少了每步开挖的深度，增加了开挖至坑底时支护结构的整体刚度，改变了基坑的力学状态。

（三）600 地下连续墙，四道 ϕ 609 钢支撑

基坑的内部支撑体系仍采用竖向四道、纵向间距为 3m 的 ϕ 609 钢支撑，围护结构选用 600 地下连续墙，调整后开挖方案不变，减小了围护结构的刚度。

二、不同设计方案下基坑支护位移计算结果分析

（一）围护墙体内力的分析比较

基坑底面以上的围护墙体为多支点连续梁，入土部分为温克勒弹性地基梁，内力亦分为坑上、坑下两部分来分析比较。在增加竖向支撑道数的方案

中减小了支点间距，坑上正弯矩极值相应减小，但增加支撑道数减小了围护墙体的先期位移，影响了坑底被动区土抗力的充分发挥，坑底下正弯矩极值反而是增加的。在进行坑底地基加固方案中则是提高被动区土体的基床系数，这既能减小围护墙体的先期位移，又能充分发挥坑底被动区土抗力，使基坑开挖面上、下的正弯矩极值同时降低，但是较大的被动区土抗力又使被动区负弯矩极值增加。在调整围护墙体刚度的方案中，随着围护墙体刚度的不断增加，围护墙体内力表观上也不断增加，但是墙体的应力水平却是降低的。可见增加围护墙体刚度的方案虽然减小了基坑变形，却没有充分利用钢筋混凝土材料的力学性能，影响了基坑方案的经济性。

（二）围护墙体位移的分析比较

通过对各个方案下基坑支护结构内力及变形的计算结果比较分析，可以发现：将第一道支撑设置于墙顶的支护方案有效地控制了围护墙顶位移，减小了基坑周边地面的沉降；增加竖向支撑道数，减小每步开挖深度的支护方案可以减小围护墙体位移及地面沉降；增加围护墙体的刚度和进行地基加固可以同时降低围护墙体、顶的位移，地基加固的效果更加突出。

第五章　加筋土支护技术

加筋土支护技术是一种基于挡土墙土压力原理，墙后填土体作用于墙面板的支护技术。加筋土挡土墙支护作用原理包括摩擦加筋原理、准黏聚力原理、均质等代材料原理等，其构成主要部分有面板、加筋材料、填料、基础。加筋土挡土墙支护的设计主要包括断面、基础、加筋、填料、面板、排水等。根据加筋挡土墙的不同类型，本章还对土工格栅加筋土挡土墙、包裹式加筋土挡土墙的设计进行研究。

第一节　加筋土支护技术概述

一、加筋土挡土墙的构成

加筋土挡土墙一般由面板、加筋材料、填料、基础等主要部分组成。

（一）面板

在加筋土挡土墙结构中，面板的作用是防止填土侧向挤出、传递土压力及便于筋带固定布设，并保证填料、筋带和墙面构成具有一定形状的整体。面板不仅要有一定的强度以保证筋带端部土体的稳定，而且要具有足够的刚度，以抵抗预期的冲击和震动作用，还应有足够的柔性，以适应加筋体在荷载作用下产生的容许沉降所带来的变形。因此，面板设计应满足坚固、美观及运输与安装方便等要求。

（二）加筋材料

加筋材料是加筋土结构的关键部分，正是因为加筋材料的研究开发才使加筋土技术得以广泛的应用和不断的发展。筋带的作用是承受垂直荷载和水平拉力，并与填料产生摩擦力。因此，筋带材料必须具有以下特性。

①抗拉能力强，延伸率小，蠕变小，不易产生脆性破坏；

②与填料之间具有足够的摩擦力；

③耐腐蚀和耐久性能好；

④具有一定的柔性，加工容易，接长及与面板连接简单；

（5）使用寿命长，施工简便

筋带在土中随着时间推移，有锈蚀或老化的可能，这时面板抗拒外力的能力减弱。加筋土挡土墙的稳定主要靠土体本身的自立作用。因此，不宜在急流、波浪冲击及高陡山坡使用加筋土挡土墙。必须设置时，水位以下部分的墙体应采用其他措施，如重力式挡土墙或浆砌片石防护等。

筋带一般应水平放置，并垂直于面板。当两根以上的筋带固定在同一锚接点上时，应在平面上成扇形错开，使筋带的摩擦力能够充分发挥。但当采用聚丙烯土工带时，在满足抗拔稳定性要求的前提下，部分为满足强度要求而设置的筋带可以重叠。当采用钢片和钢筋混凝土带时，水平间距不能太宽，否则筋带的增加效果将出现作用不到的区域，参照国外经验，可取最大间距为1.5m。

（三）填料

加筋土填料是加筋体的主体材料，由它与筋带产生摩擦力。填料的选取直接关系到工程结构的安全和工程造价。为此，各国都对加筋土的填料规定了自己的土工标准（包括填料的力学标准和施工标准）。规定填料的土工标准是为了充分发挥土与加筋材料间的摩擦作用，以保证筋-土复合体的整体和结构的安全稳定。加筋土技术的发展使得其填料选择范围越来越大，选择填料应以就近为原则，易取、价廉、能达到施工标准，其基本要求如下。

①易于填筑与压实；

②能与筋带产生足够的摩擦；

③满足化学和电化学标准；

④水稳定性好。

填料的化学和电化学标准，主要为保证加筋的长期使用和填料本身的稳定，加筋体严禁使用泥炭、淤泥、腐质土、冻土、盐渍土、硅藻土及生活垃圾等，填料中不应含有大量有机质。对于采用聚丙烯土工带的填料中不宜含有两价以上的铜、镁、铁离子及氯化钙、碳酸钠、硫化物等化学物质，因为它们会加速聚丙烯土工带的老化和溶解。

（四）基础

加筋土挡土墙的基础一般情况下只在面板下设置条形基础，宜用现浇混凝土或块石砌筑。当地基为土质时，应铺设一层小厚度的沙砾垫层。如果地基土质较差，承载力不能满足要求，应进行地基处理，如采用换填、土质改良及补强等措施。在岩石出露的地基上，一般可在基岩上打一层混凝土找平，然后在其上砌筑加筋土挡土墙。若地面横向坡度较大,则可设置混凝土或浆砌石台阶基础。

二、加筋土支护的作用原理

(一) 摩擦加筋原理

在加筋土结构中,由填土自重和外力产生的土压力作用于面板,通过面板上的拉筋连接件将此压力传递给拉筋,并企图将拉筋从土中拉出。而拉筋材料又被土压住,于是填土与拉筋之间的摩阻力阻止拉筋被拔出。因此,只要拉筋材料具有足够的强度,并与土产生足够的摩阻力,则加筋土体就可以保持稳定。从加筋土中取一微分段 d_l 进行分析,设由土的水平推力在该微分段拉筋中所起的拉力 $d_T=T_1-T_2$(假定拉力沿拉筋长度呈均匀分布),垂直作用的土重和外荷载法向力 N,拉筋与土之间的摩擦系数为 f^*,拉筋宽度为 b,作用于长 d_l 的拉筋条上、下两面的垂直力为 $2Nbd_l$,拉筋与土体之间的摩擦阻力即为 $2Nf^*bd_l$,如果 $2Nf^*bd_l > d_T$,则拉筋与土体之间就不会产生相互滑动。这时,拉筋与土体之间好像直接相连似的发挥着作用。如果每一层加筋均能满足上式的要求,则整个加筋土结构的内部抗拔稳定性就得到保证。

在加筋土结构物中拉筋常常呈水平状态,相间、成层地铺设在需要加固的土体中。如果土体密实,拉筋布置的竖向间距较小,上、下拉筋间的土体能因为加筋对土的法向反力和摩擦阻力在土体颗粒中传递(即由拉筋直接接触的土颗粒传递给没有直接接触的土颗粒),而形成与土压力相平衡的承压拱。这时,在上、下筋条之间的土体,除了端部的土体不稳定外,将与拉筋形成一个稳定的整体。同理,如果左、右拉筋的间距不大,左、右拉筋间的土体也会在侧向力的作用下,通过土拱作用,传递给上、下拉筋已经形成的土拱,最后也由拉筋对它的摩擦阻力承受侧压力,于是,除端部的土体外,左、右拉筋间的土体也将获得稳定。

加筋土的成拱条件非常复杂,特别是在拉筋间距较大而填土的颗粒细小,以及土体的密实度不足的情况下,这时,在拉筋间土体比较难以形成稳定的土拱,拉筋间的土体将失去约束而出现塌落和侧向位移。所以,用作支挡结构物时,加筋土结构应在拉筋端部加设墙面板,用以支挡不稳定的土体,承受拉筋与土体之间的摩擦阻力未能克服的剩余土压力,并通过连接件传递给拉筋。

摩擦加筋原理由于概念明确、简单,在加筋土挡土墙的足尺试验中得到较好的验证。因此,在加筋土的实际工程中,特别是高模量(如金属条带加筋)加筋土挡土墙中得到较广泛地应用。但是,摩擦加筋原理忽略了筋带在力作用下的变形,也未考虑土是非连续介质,具有各向异性的特点。所以,该原理对高模量的加筋材料，如金属加筋材料比较适用；而对加筋材料本身模量较小、相对变形较大的合成材料（如塑料带等），其结果则是近似的。

（二）准黏聚力原理

加筋土结构可以看作各向异性的复合材料，通常采用的拉筋，其弹性模量远远大于填土的弹性模量。在这种情况下，拉筋与填土的共同作用，包括填土的抗剪力、填土与拉筋的摩擦阻力及拉筋的抗拉力，使加筋土的强度明显提高。

加筋土的基本应力状态在没有拉筋的土体中，在竖向应力 σ_1 的作用下，土体产生竖向压缩和侧向膨胀变形。随着竖向应力的加大，压缩变形和膨胀变形也随之加大，直到破坏。如果在土体中设置水平方向的拉筋，则在同样的竖向应力 σ_1 的作用下其侧向变形大大减小甚至消失。这是由于水平拉筋与土体之间产生摩擦作用，将引起侧向膨胀的拉力传递给拉筋，使土体侧向变形受到约束。拉筋的约束力 σ_R 相当于在土体侧向施加一个侧向力 $\Delta\sigma_3$，其关系也可用莫尔圆表示。莫尔圆 I 为土体没有破坏时的弹性应力状态；莫尔圆 II 则是未加拉筋的土体极限应力状态；莫尔圆 III 是加筋土体的应力状态，土体加入高弹性模量的拉筋后，拉筋对土体提供了一个约束阻力 σ_R，即水平应力增量 $\Delta\sigma_3(=\sigma_R)$，使侧向压力减小，亦即在相同轴向变形条件下，加筋土能承受较大的主应力差（图 5-1）。这还可以通过常规三轴试验中的应力变化情况来表示。

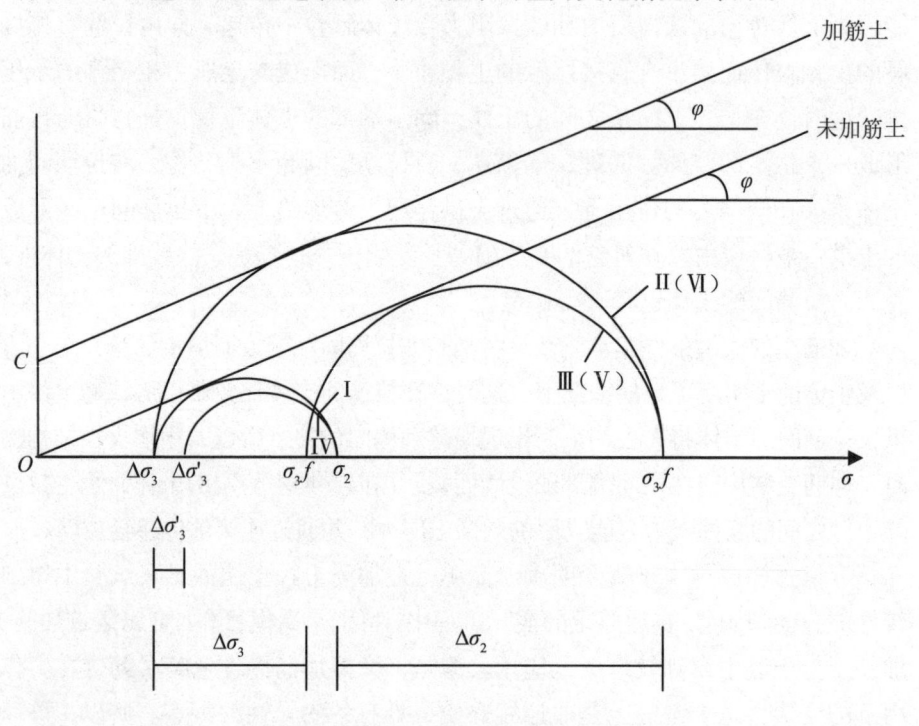

图 5-1 加筋土和未加筋土应力圆分析

图中莫尔圆Ⅳ为无筋土极限状态的莫尔圆；莫尔圆Ⅵ为加筋土的莫尔圆，莫尔圆Ⅵ的σ_3与莫尔圆Ⅳ相等，而能承受的压力则增加了$\Delta\sigma_1$；莫尔圆Ⅴ为加筋土填土的极限莫尔圆，其最大主应力却减少了σ_3。上述分析说明，加筋土体的强度有了增加，应该有一条新的抗剪强度线来反映这种关系，这已经被试验所证实。土中加筋砂与未加筋砂的强度曲线几乎完全平行，说明φ值在加筋前后基本不变，加筋砂的力学性能的改善是由于新的复合土体（即加筋砂）具有"黏聚力"，"黏聚力"不是砂土固有的，而是加筋的结果，所以称为"准黏聚力"。"准黏聚力"c_p可根据莫尔－库仑定律求得：

$$\sigma_1 = \sigma_3 \tan^2\left(45°+\frac{\varphi}{2}\right) = (\sigma_3+\Delta\sigma_3)\sigma_3\tan^2\left(45°+\frac{\varphi}{2}\right) \quad (5-1)$$

加筋后，土体处于新的极限平衡状态，即

$$\sigma_1 = \sigma_3 \tan^2\left(45°+\frac{\varphi}{2}\right) + 2c_p\tan^2\left(45°+\frac{\varphi}{2}\right) \quad (5-2)$$

两式相比可得

$$\Delta\sigma_3 \tan^2\left(45°+\frac{\varphi}{2}\right) + 2c_p \tan^2\left(45°+\frac{\varphi}{2}\right) \quad (5-3)$$

因此，由于拉筋作用产生的"准黏聚力"为

$$c_p = \frac{1}{2}\Delta\sigma_3 \tan\left(45°+\frac{\varphi}{2}\right)$$

必须指出，式（5-3）是建立在拉筋不出现断裂和滑动，同时也不考虑拉筋受力作用后产生拉伸变形的条件下得出的。显然这只能适用于高抗拉强度和高模量的拉筋材料，如钢带、钢片等。

从上面加筋土工作原理分析可知，在加筋土工程中，加筋材料与土的界面摩擦指标作为力学指标之一，对加筋土的设计、计算有着直接影响，所以加筋与土的界面摩擦指标是关键的技术指标。

（三）均质等代材料原理

加筋体是内填料土与加筋材料层层交替铺设而成的复合体，每一加筋材料和每一层填土形成一个单元层，每层相互平行且间距相等，因此，可将加筋体看作交替正交层系。加筋体由很多的单元层组成，加筋体的厚度（即正交层系）与单元层相比要厚得多。假定各单元层的分层界面上无相对位移，每一层中三个均质材料的平面垂直于一个直角坐标轴，而且层面必须平行于一个弹性对称面，那么这种交替正交层系可以用等代均质材料的理论来分析，以研究加筋土在工作荷载作用下的性状。

为计算加筋体中的应力分布，需要确定等代材料与加筋层系统的均质正交材料的性质、有关荷载条件和所给结构的几何条件。如果要确定等代材料中一点的应力，则可用正交层理论求得土与加筋中同一点的应力。将未加筋土体中的临界应力区与加筋数量、加筋方向、加筋材料布置均与加筋体中的临界应力区进行比较，就可获得加筋土的最佳设计。

均质等代材料分析要求加筋体是弹性体，土与加筋材料间不产生相对滑动。实际上，只要土中应力状态低于土的破坏包络线，加筋材料中的主应力小于加筋材料的破坏应力，且土与加筋材料的界面剪应力低于界面土的最大抗剪强度，就可以用均质等代分析法进行计算。也就是说，要应用均质等代材材料原理，加筋体应在工作荷载条件下而不能在极限荷载条件下。

均质等代材料原理可采用有限元法、有限差分法、边界积分法线积分变换法来求解。从工程实用的角度上讲，未加筋土体和加筋体的应力区比较判断还有一个判定标准问题要解决。均质等代材料原理的关键是确定等代的正交材料的有关参数。

三、加筋土技术的国内外发展

加筋土是一种在土中加入加筋材料而形成的复合土。在土中加入加筋材料可以提高土体的强度、增强土体的稳定性。因此，凡在土中加入加筋材料而使整个土工系统的力学性能得到改善和提高土工加固的方法均称为土工加筋技术，加筋土技术从广义上讲是一门土工增强技术，或称土工补强技术。土工增强技术常见的有加筋土、纤维土、复合土、改性土等。加筋土技术应用于工程结构中形成加筋土结构，加筋土结构在工程中应用较多的是加筋土挡土墙、加筋土边坡、加筋土地基及加筋路面等。

加筋土工程起源于法国，由亨利·维达尔于1963年所发明，他首先研究了土中加筋的作用，而后付诸实践。1965年冬季在法国建成了世界上第一座加筋土挡土墙，从而引起了欧洲各国研究加筋土的热潮，并相继建造了一批加筋土工程。日本对外国的新技术一向敏感，于1967年将此项技术引进，并且在日本国营铁路进行了原型试验，后又进行了该结构对地震的适应性试验。

美国该技术起步较晚，但发展很快，1969年引进加筋土技术后，于1970年建造了第一座加筋土工程，1974年批准此项技术可以代替传统的施工方法。1978年4月美国土木工程师协会在匹兹堡市举行了"加筋土摩擦系数研究会"，宣读了大量论文。截至1978年底在美国共完成加筋土工程293项，砌墙面积

$26.8×10^4m^2$，随后加拿大、澳大利亚等许多国家也先后引进并推广了这项新技术。

目前加筋土技术仍在继续研究，并向纵深方面发展。为交流加筋土技术经验，国际上曾多次召开专题学术讨论会，1977年在法国巴黎举行了"国际加筋土会议"，1978年在澳大利亚悉尼召开"土壤加筋与稳定技术讨论会"，1979年又在巴黎召开了"加筋土技术国际研讨会"，与会各国工程技术人员宣读了大量论文，会上将各种金属筋条和各种合成材料的筋条所组成的土体，通称为加筋土。从此，加筋土的研究与应用又进入新的阶段。截至1978年底，在世界上28个国家共兴建了2266座加筋土工程，砌墙面积达$135×10^4m^2$。

加筋土技术在我国很早就有应用，如古代劳动人民在土坯中加入草筋或竹筋，以提高土墙的强度。通过泥沼地带的道路采用柴排处理，加固堤岸用土袋或树枝压条等，这些都是加筋土的应用。但由于无人进行总结和研究，故一直无较大的发展。

进入20世纪70年代，我国又开始了加筋土技术的研究。1979年云南省煤矿设计院在云南省田坝矿区建成了我国第一座加筋土挡土墙储煤仓，该挡土墙长80m，高2.3~8.3m，原设计储煤高度为5m，储煤量为20 000t，后因原煤外运中断，致使储煤高度超过13m，储煤达70 000t，这对加筋土挡土墙是实际的静载试验，该结构能否承受这样大的压力？从实际使用结果看其挡土墙依然完好，这说明加筋土挡土墙具有相当大的稳定性。由于该挡土墙的建造在我国开创了成功的先例，引起了土木建筑行业技术人员的兴趣。因此，近几年来公路、铁路、煤矿等部门相继建造了多座加筋土挡土墙，并且在武昌、太原、清源等地召开了经验交流会。从实际使用来看，在我国，加筋土技术的应用范围已由单一的挡土墙发展到桥台、护岸、货场展台、水运码头等方面，这项研究工作已扩展到公路、铁路、煤炭、林业、水利、城市建设、高等学校等各个部门。从理论研究来看，既有作用机理的研究，即进行实验室模型试验和现场原型试验、分析，又有基本设计参数试验和拉筋材质的试验。这些均反映了我国在加筋土技术的研究和应用上已初见成效。因此可以预计加筋土技术在我国是大有发展前途的。

四、加筋土支护的优势与不足

（一）加筋土支护的优势

1. 抗震性能良好

加筋土挡土墙能够承受较大的水平推力、倾覆力和垂直力，地基承受的压力分布比较均匀。墙体柔性大，可承受一定程度的地基不均匀沉降和整体沉降。由于加筋土挡土墙没有刚性基础，建造时，地基随着回填料的回填增高，地基土所承受的压力也不断增加，从而加速了地基土的固结，提高了地基的承载能力。加筋土挡土墙还有良好的抗震性能，1983年日本大地震强度达到里氏7.7级，造成极大破坏，但加筋土结构却没有被损坏。

2. 应用范围广泛

经过几十年的发展，加筋土挡土墙目前已广泛应用于各个行业的各种土建工程中，其中包括各种危险品（如石油、氨等）或危险建筑（核电站）的围堤、围墙，军事防护工程和设施等。

3. 成本较低

加筋土挡土墙的造价与同等条件下的重力式挡土墙或其他结构相比，造价降低幅度一般在10%~50%。加筋土挡土墙的墙面板可以垂直砌筑，加筋土边坡的坡度一般也比较大，因此，工程占地较少。建造加筋土挡土墙有一定的规范和建筑步骤，偷工减料或错乱程序不易发生；建造程序简单，质量容易保证。另外，施工快、工期短，其综合效益也十分显著。

4. 符合环保节能要求

加筋土边坡较传统边坡施工的最大特点是使用低碳节能环保的材料，加筋体结构建筑形式适应了可持续发展的需求，适宜植被生长。随着全球能源消耗的增长，建筑业对能源消耗的考虑显得更为重要。在生产和运输材料过程中使用能源及建筑过程中耗费能源，采用加筋土挡土结构可减少能源消耗，这可以从对不同设计方案能源耗费的比较中得出结论。

能耗是生态参数中用来确定生态治理工程的主要效益（短期、长期）指标。随着全球资源材料的紧缺，以及污染带来的环境问题的增多，如矿业及人类建筑活动带来的大气和土地的污染，还有人力、运输及维修费用的增加等，加筋土边坡设计在解决这类问题过程中显得日益重要。任何方案中结构形式的选择将会影响这些参数。土工加筋体结构边坡的全部社会耗费取决于整个产品的完整生产链接与生态参数。

从适用方面看，与加筋结构有关的生产链接与生态参数如下：

①构成结构所需材料的能耗；

②生产材料过程中使用的水量；

③生产材料需要占用的土地；

④制造及施工过程中产生的污染；

⑤材料的生产、运输、施工及维修过程中使用的劳力资源；
⑥其他必要的损耗。

（二）加筋土支护的不足

加筋土中的加强单元也许会影响有些设施的安装，尤其当结构为公路或铁路系统的一部分时，必须仔细选择这些设施的安装位置，以便在以后的维修工作中不会损坏或破坏加固结构及其底部、排水系统。主要的设施，如排水道及地下排水系统等应该尽量远离加筋土结构。

加筋单元会发生降解，因此在设计中必须考虑这一问题。当加筋土结构位于工厂或者废弃物处理场地附近或污水排放系统附近等，以及可能发生泄漏的地区时，尤其应该注意加筋单元降解问题。地下水及其他流体进入土体可以加速各种加筋结构的降解。杂散电场尤其是直流电场可以侵蚀钢材加筋体，因此在导电铁轨、电车轨道及其他类似电源区应该采取相应的预防措施。

在亚热带地区，聚合加筋材料的设计强度应当考虑一定的额外公差，因为在这些地区温度及蠕变的影响比温带地区更加剧烈。

第二节　加筋土支护设计

一、加筋土支护设计的主要内容

（一）加筋土挡土墙设计的理念与原则

1. 加筋土挡土墙的设计理念

加筋土挡土墙的设计沿用挡土墙土压力理论，即墙后填土体作用于面板，使面板上的土压力与面板相连的筋带拉力相平衡，而筋带拉力是由土筋之间的摩阻力来提供的，最终土压力等于土筋间摩阻力。至于外部平衡的检算同重力式挡土墙，即认为面板、墙后填土体及筋带组成了类似于重力式挡土墙的结构，因此可按重力式挡土墙检算其稳定性、抗滑性及地基应力和沉降计算。

在加筋土挡土墙的设计中，要解决两个主要问题——土压力及土筋间摩阻力。对于土压力一般按库仑土压力理论或朗肯土压力理论计算。而摩阻力的计算则要确定提供摩阻力的筋带长度及根数，在墙后填土体中，假想有一个潜在的破裂面，能提供摩阻力的是破裂面以外部分筋带长度，这样筋带的总长度为破裂面以内及以外两部分之和，以内部分称为活动长度，以外部分称为锚固长度。筋带的长度与根数是相互制约的，即筋带越长，则筋带根数越少。为了防止锚固长度过短，规定最小锚固长度不小于3m，对于活动区的范围，一般认为破裂面线开始于墙脚，呈对数螺旋曲线交于填土体表面，为了计算方便，我们作了简化，认为45°+φ/2线开始于墙脚，并与距面板1/3处墙高的竖直线相交，这样破裂曲线为一条折线。

2. 加筋土挡土墙的设计原则

从本质上看，加筋土挡土墙属于重力式挡土墙的范畴，加筋土体（包括面板）依靠自身重力阻挡被挡土体，以防在土压力作用下的土体坍塌（滑移与倾覆破坏）。但加筋土挡土墙与传统的刚性重力式挡土墙不同，还存在加筋失效的内部稳定性破坏。

加筋土挡土墙工作性状的影响因素很多，也存在多种破坏机制。受不同因素影响，其破坏模式大致可以划分为三类：外部稳定性破坏、内部稳定性破坏和局部稳定性破坏。首先，根据破坏面是否穿过加筋土体，将加筋土挡土墙的破坏模式划分为外部稳定性破坏和内部稳定性破坏两大类。在外部稳定性破坏模式中，加筋土体保持整体运动，又可分为加筋土挡土墙水平滑动、整体倾覆、地基承载力破坏和深层滑动破坏。而内部稳定性破坏模式与筋土之间的相互作用密切相关，根据破裂而穿越加筋土体程度，可进一步区分为加筋材料因锚固力不足而拔出和加筋材料被拉断。局部稳定性破坏一般与面板有关，包括加筋与面板连接断裂，或受面板的影响可能出现的局部鼓胀和顶部坍塌等。从这些破坏模式可以看出：加筋土挡土墙破坏不仅与加筋材料和填土的性能有关，还与荷载条件、土压力的大小、面板类型与性质，以及地基条件等因素有关。

针对加筋土挡土墙可能存在的各种破坏模式，在考虑各类荷载和影响因素的前提下，中外规程体系均采用极限平衡法则进行设计，即先设想破坏机制及破坏面，然后分析抗力是否足以抵抗破坏力。但加筋土挡土墙设计的容许应力法与极限平衡法的设计思想与原则存在明显差异。

在容许应力法中，假定特定破坏模式下的破坏力和抵抗力都可以准确测定或计算，针对某一破坏模式，通过核算得到破坏力（Q）和土体及结构能够提供的抵抗力（R），将抵抗力除以安全系数（$F > 1.0$）则得到抵抗力容许值。根据极限平衡法和容许应力法设计原则，当满足$R/F \geq Q$时，加筋土挡土墙在所验算的破坏模式下就被认为是安全的。

实际上，总安全系数F包含了一切人们无法精确确定的，甚至无法列入极限平衡方程式中的影响因素，既包括抵抗力的不确定性，也涵盖荷载作用引起的破坏力的变异性。在设计参数选取时，常采用参数平均值或常见经验值。总安全系数 F 是一个相当模糊的概念，因此存在 F 远远大于 1.0 的情况下挡土墙破坏的实例。

在极限平衡法中，目前阶段的设计思路为：针对某一破坏模式，同样需要核算来得到破坏力（Q）和土体及结构能够提供的抵抗力（R）概率上的特征值（$\bar{Q}$ 和 $\bar{R}$），然后将破坏力乘以一个分项系数（$y_Q \geq 1.0$），而将抵抗力除以一个分项系数（$y_R \geq 1.0$）根据极限平衡法的设计原则，安全性的验算公式一般可表达为

$$\frac{R}{y_R} \geq y_Q \bar{Q}$$

通过比较可以发现公式的变化体现出了设计思想的变化。极限平衡法采用了概率设计思想，设计中所涉及的参数均具有自身的概率分布，因此上式中的破坏力（Q）和抵抗力（R）也服从一定的概率分布。尽管抵抗力的特征值（可采用均值）大于破坏力的特征值，但总是会发生在一定概率组合下抵抗力小于破坏力的情形（即破坏）。因此，在极限平衡法中，根据对荷载及其组合、岩土信息和加筋材料特性的认识程度，为每一个荷载因子和设计参数分别设定分项系数，并考虑工程规模和重要性，将破坏的可能性（概率）控制在可接受的水平，因此在概率意义上，不存在绝对安全。

在极限平衡法中，不仅考虑应力极限状态下挡土墙的稳定问题，而且需要验算使用极限状态下挡土墙的变形是否超出了正常工作范围。而在容许应力法中，基本不涉及挡土墙的变形问题。

3. 加筋土挡土墙设计的注意事项

①拉筋带选用时应同时考虑其强度和伸长率指标，还要注意其防老化性能。

②加筋体填料的重度、内摩擦角、似摩擦系数等指标都应以实测值为准，小型工程参照类似工程取值。

③加筋体下的原状地基承载力不能满足工程要求时，必须采取措施进行地基处理。常用的方法有：换填、扩基、加筋、强夯、注浆或采用桩基础。

④一般加筋体上方应保留一定厚度素填土，以保证结构上的其他结构物与加筋不互相影响。

⑤加筋土挡土墙面板下有浆砌片石扩大基础时，应设置条形地基梁，底层面板应置于整体性较好的 C20 钢筋混凝土条形地基梁上，以保证很好地传递压力。面板上压顶亦应采用整体性好的 C15 混凝土块。

⑥土基上设置加筋土挡土墙时，应尽可能加密沉降缝设置，特别是地基承载力变化处，应增设沉降缝。

（二）加筋土挡土墙设计的主要内容

1. 断面设计

断面形式根据地形和地质条件、结构稳定要求拟定。常用的断面形式有矩形、倒梯形、正梯形和锯齿形。

加筋体墙高 6m 以下者，一般宜选用矩形断面。

墙后边坡较陡，地基基础条件较好，宜选用倒梯形断面。

加筋体地基条件较差，后方边坡平缓，宜选用正梯形断面。

墙体较高或墙基础本身较高，为满足整体稳定要求和地基承载力要求时宜选用锯齿形断面。

断面形式应考虑地形、地质条件，并满足结构稳定要求（外部稳定和内部稳定），方便施工，尽量节约材料和造价，经稳定计算和多方案技术经济比较后确定。

2. 基础设计

基础分为面板下的条形基础和加筋体下的基础。

条形基础的作用主要是便于安砌墙面板，起支托、定位的作用。其尺寸大小视地基、地形条件而定，宽度不宜小于 30cm，厚度也不宜小于 30cm。可采用 C15 素混凝土或浆砌条石。

基础的埋深在无浸水地区，一般可取 60~100cm；浸水工程应根据水流的冲刷和淘刷作用大小而定，一般不少于 150cm。如果开挖基槽困难或不经济，可考虑人工抛填或浆砌块石护脚。在季节性冰冻地区，基础底应在冻结线下，若不满足，则应在基础底至冻结线间换填非冻胀性材料，如中粗砂、砾石等。

斜坡上的加筋体应设不小于 1m 宽的护脚，埋深由护脚顶起算。

面板下的基础及加筋体下的基础都应满足地基承载力要求。若承载力不满足，应进行地基处理，处理方法与其他地基处理方法一样，如换填、挤密、抛石、桩基和加筋地基处理等。

条形基础沿纵向可根据地形、地质、墙高等条件设置沉降缝，其间距一般取 10~30m，岩石地基可取大值。在新旧建筑物衔接处和地形或地质条件突变处都应设沉降缝。沉降缝间距设置时还应考虑面板的长度模数。基础的沉降缝、加筋体墙面的变形缝、帽石或压顶（包括根板）的伸缩缝应统一考虑，一般做成垂直通缝，缝宽为 2~4cm，用沥青木板等填塞。

基础底结合地形地质情况，在纵向可做成台阶形，每一个台阶长度应与板的长度模数相协调。条形基础面尺寸较小，在横向应成水平或后倾。加筋体基础在纵向同条形基础，在横向可做成阶梯形，但台阶最好以两阶为宜，第 1 级的宽度不小于墙高的 40%，且不小于 4m。

3. 加筋设计

常用的拉筋从材质上可以分为钢带、钢筋混凝土、聚丙烯土工（PP）带、钢塑复合拉筋带（格栅）等（优、缺点及适用范围见表 5-1）。

表 5-1　拉筋材料分类比较

类别	优点	缺点	适用范围
钢带	强度高，变形小；蠕变量极小	造价高；抗腐蚀性差；接长及与面板连接工作量大	重要工程
钢筋混凝土带	强度高，变形小；蠕变量极小；筋带与填料摩擦力较大	装配工作量大；混凝土块易被压碎，影响使用效果。	铁路、公路、市政工程
聚丙烯土工带	标准化生产；重量轻，易安装	蠕变量大；伸长率大；抗老化性能差	安全性一般的支挡结构
钢塑复合拉筋带	强度较高，变形小；蠕变量小；抗腐蚀性好；重量轻，易安装	—	公路、铁路、水工、市政

拉筋的作用是承受垂直荷载和水平拉力，并与填料产生摩擦力。因此，拉筋材料的形状、结构、材质应最大限度地满足如下基本特性。

①拉筋是土体中的增强材料，主要承受拉力，要求具有较高的抗拉强度，以保证结构物的安全；

②拉筋是埋在土中的加强材料，由于填土的不均匀性和沉降，要求拉筋应具有较好的柔性、韧性，以适应变形能力；

③拉筋是与填土共同产生摩擦作用的，平衡侧压力是使挡土墙墙体稳定的材料，其要求拉筋与填土之间应具有较大的摩擦系数；

④拉筋在填土中受拉后，所产生的变形直接影响着墙面的平整与美观，这要求拉筋在拉力的作用下，只能容许产生一定范围内的变形；

⑤拉筋有良好的抗疲劳性能，具有抗老化、耐腐蚀及化学稳定性好的特征，以保证永久结构物的使用寿命，满足使用年限方面的要求；

⑥拉筋与面板的联结必须牢固可靠；

⑦拉筋的断面形状应简单，便于加工制作，适合工厂化成批生产；

⑧经济上合理。

国外加筋土挡土墙大都采用宽 4~10cm，厚 3~5mm 的防锈镀层钢带作为拉筋的用材。我国钢材较昂贵，采用钢拉筋较少，一般均采用复合材料土工带或钢筋混凝土带拉筋。近年来，钢塑复合拉筋带、土工格栅由于具有良好的技术特性，已经作为拉筋材料被推广使用。目前国内加筋土挡土墙拉筋大部分选用钢塑复合拉筋带及钢筋混凝土。

随着土工合成材料应用技术及应用领域的快速发展，条带式加筋土挡土墙已越来越被广大科研设计人员所认识和接受，但加筋土结构中的拉筋材料曾一度制约了加筋土技术在我国的推广和发展。国外广泛采用镀锌钢带，国内以前多采用聚丙烯土工带，铁路工程中采用过钢筋混凝土带。钢带造价过高，聚丙烯土工带强度低、蠕变大、寿命短，钢筋混凝土带则装配工作量大、易破碎、防腐处理难度较大。20 世纪 90 年代初发明的钢塑复合拉筋带是采用高强度冷拔钢丝与聚乙烯复合，经特殊工艺成型，具有刚性和柔性两大类拉筋材料的优点（表 5-1），即抗拉性能强，变形小，不易脆断，蠕变量小，与填土间的摩擦系数大，具有良好的柔性，施工简便并且经济。钢塑复合拉筋带成功解决了筋带这些关键问题，为我国大量采用加筋土技术提供了物质保证。

近年来，土工格栅材料技术发展迅速，土工格栅亦具备强度高、变形小、使用寿命长的优点，越来越广泛用于加筋土挡土墙、加筋土边坡工程。新型加筋材料的出现也带来了传统结构形式的变化。不设面板的加筋陡坡（包裹式）更能适应恶劣的地基条件，施工起来也更为简捷、迅速。

目前，国内生产的钢塑复合拉筋单根破断拉力可达到 20kN/m，破断延伸率小于等于 2%；钢塑复合格栅单根破断拉力可达到 150kN/m，破断延伸率小于等于 3%。钢塑复合拉筋材料的塑料中掺入了一定比例的抗老化剂、抗氧化剂、光屏蔽剂等母料，搅拌均匀后进行充分的热挤压，减少了高分子间的孔隙，以防钢丝受潮而锈蚀。同时，为了满足水工挡土墙的需要，钢丝作了镀锌处理。根据相关部门对相关产品的抗老化试验表明，钢塑复合材料拉筋带在经 2500h 加速老化后，该材料的拉伸强度保持率在 85% 以上，断裂伸长率保持在 75% 左右，试验中所受的紫外线辐照能相当于在广州地区自然曝晒 4 年的辐照能，说明该材料的抗老化性能良好。而实际使用中由于钢塑复合材料拉筋带只是在运输、铺设过程中有可能在阳光下曝晒，受紫外线等其他外界影响很少，因此钢塑复合材料的使用寿命满足永久性工程的需要。钢塑复合材料拉筋带的表面在生产过程中压制成粗糙的花纹和肋条，增强了筋带表面的粗糙程度，提高了似摩擦系数，根据室内标准砂试验的结果，摩擦系数一般在 0.50 以上。

这样，钢塑复合材料就兼具了刚性和柔性两大类材料的优点，即强度高、变形小、低蠕变、抗腐蚀、寿命长、质量轻、无须焊接、拴接、铆固和防腐处理，施工铺设方便、迅速，筋带互不重叠、不弹性卷曲，易于大面积机械化施工作业，既能承受一定的拉力，又能与填土之间产生较大的摩阻力，是加筋土挡土墙的理想材料，具有国内领先水平。据有关方面统计，国内80%的加筋土挡土墙都是采用该拉筋材料，并且均取得了较满意的效果。

4. 填料设计

填料的选择要求易压实、与拉筋材料有足够的摩擦力、满足化学和电化学标准，对于浸水工程，要求水稳定性好。因此，砾类土、砂类土、碎石土、黄土、中低液限黏性土及工业废渣（要满足化学和电化学标准）均可应用。从因地制宜、降低工程造价方面来看，不满足上述要求的土可通过适当的工程措施或结构上采取相应的技术措施后采用。

用钢带作加筋材料时，应控制填料中的氯离子和硫酸根离子的含量。在无水工程中，其氯离子含量应小于或等于5.6m·e/100g土，硫酸根离子小于或等于21.0m·e/100g土。在淡水工程中，其氯离子含量应小于或等于2.8m·e/100g土，硫酸根离子小于或等于10.5m·e/100g土。

对目前大量应用的聚丙烯土工带、土工格栅、土工织物等土工合成材料，应尽量避免金属离子（铜、锰、铁等）进入加筋体，填料中不宜含有氯化钙、碳酸钠、硫化物等化学物质。

填料的压实能否达到设计要求是加筋土工程成败的关键。加筋土力学性能的改善和稳定性的提高与填料的压实紧密相关，因此，填料除了上述要求之外，还必须要有一个土工标准。

土工标准包括力学标准和施工标准，力学标准包括填料的组成成分、物理指标、力学指标，施工标准主要以压实度来控制，一般均要求压实度大于90%，距路槽底以下80cm厚范围应为93%～95%。

要达到规定的压实度，第一，填料本身的颗粒级配应比较好，对砂砾石填料，最大粒径不得大于填料压实厚度的2/3，且不大于150cm，其总量不大填料的于15%；第二，填料的含水量应接近于最佳含水量；第三，填料必须分层碾压，分层厚度一般在30cm左右，碾压机械也必须达到一定的标准。

5. 面板设计

面板是为阻止挡土墙背后填料的侧向塌落而设置的，从材质上可分为金属制品、素混凝土或钢筋混凝土制品；从外形上可分为半椭圆形或半圆形面板、十字形面板、矩形面板、六角形面板，另外面板也可根据建筑和艺术上的要求，由设计人员构思所需要的形式，以达到美观，并与其他建筑协调的效果。

面板设计首先应满足坚固、美观、方便运输和易于安装等要求。由于混凝土面板易于维修保养，而且由于一般背面是平整的，没有弧形凹槽，施工时容易夯实或铺设反滤层。混凝土面板具有很大的刚性，在面板间的水平接缝内嵌入软木板，可使墙身具有一定的抗挠性，有利于减少墙面的整体变形；在垂直方向的接缝内嵌入聚氨酯泡沫塑料一类材料，有利于墙体排水。在我国实际工程中，加筋土挡土墙面板一般采用混凝土预制件，混凝土强度等级不低于 C18，面板厚度不小于 8cm。

加筋土挡土墙面板的强度可按均布荷载作用下两端悬臂的简支梁进行检算，如果根据作用于面板内侧土的侧压力来计算，只需要素混凝土的强度就足够了，没有必要按钢筋混凝土设计。但是为了防止面板发生裂缝，可按最小配筋率 U_{min}=0.2% 配筋。

通常加筋土挡土墙面板都是提前预制好的，设计时只需确定加筋土挡土墙面板的厚度，其可以根据加筋土挡土墙面板的外力与所受最大弯矩进行估算。假定每块面板单独受力，土压力均匀分布并由拉筋平均承担。如果加筋土挡土墙的高度较大，其面板厚度可按不同墙高分段设计，但是分段不宜过多，以免施工现场不好操作。当墙高小于 6m 时，其面板厚度可不分段设计，采用同一个厚度，面板厚度按下式进行计算：

$$t = \sqrt{\frac{0.75 K_r \cdot \gamma \cdot H \cdot S_x \cdot S_y}{[\sigma_{ck}]}} \quad (5-5)$$

式中，t 为面板厚度，cm；K_r 为土的侧压力系数；γ 为填料容重，kN/m³；H 为挡土墙高度，m；$[\sigma_{ck}]$ 为混凝土允许抗弯应力，MPa；S_x 为拉筋水平间距，S_y 为拉筋垂直间距，m。

为了防止面板后细粒土从面板缝隙之间流失，同时也为了有利于面板的整体稳定，在面板周边设计成突缘错台的企口，使面板之间相互嵌接。当采用插销钢筋连接装置时，插销钢筋的直径不能小于 10mm。

面板上的拉筋结点，可采用预埋钢拉环、钢板锚头、预留穿筋孔等形式，钢拉环采用直径不小于 10mm 的一级钢筋，钢板锚头采用厚度不小于 3mm 的钢板，露于混凝土外部的钢拉环、钢板锚头应作防锈处理，聚丙烯土工带与钢拉环的接触面应作隔离处理。

钢筋拉环应采用未经冷拉的Ⅰ级热轧钢筋制作。受力一般不做计算，埋入面板的深度不应少于 2/3 面板的厚度。防锈、隔离采用涂聚氨酯或两油两布等措施。钢板锚头指埋入面板与拉筋连接的钢带弯头，材料与拉筋的主筋相同。混凝土预留穿筋孔的两侧应有足够的抗剪强度以免产生剪切破坏，必要时应进行强度验算。

6. 排水设计

加筋土挡土墙和加筋土边坡都需做好排水设施。在基础上，可结合地基处理或基槽回填做片石盲沟，在条形基础上设排水孔，孔径不小于10cm，间距为3~5m。当加筋土体的填料要求不容许浸水时，排水设施必须保证不被淤塞。这时应在片石盲沟顶层加入碎石，再覆盖1~2层滤水土工布。

位于河岸上的加筋土工程，其填料必须保证水稳定性好，一般宜采用砂砾填料。同时应在场面板后做好反滤设施。反滤设施起两个作用，一是墙前水位陡降时，迅速排出加筋体中和加筋体后方来水，使墙外、墙内的水位差不超过容许值，即不形成过大的剩余水压力。二是在排水过程中，不允许将加筋体的填料带出墙外，使墙顶产生塌陷或其他变形。根据近年来的工程实践，在变形缝和排水处缠贴无纺土工布，施工时无纺土工布与面板紧贴，在面板后设置约30cm厚的混合倒滤层，从施工、经济、效果三方面来看，都比较好，此措施关键的问题是施工时无纺土工布必须紧贴面板，才不至于发生走砂现象。

总之，加筋土工程在有水的地方，构造上必须保证水的畅通，同时还应防止有害水体对加筋材料寿命的影响。

二、加筋土支护设计稳定性的计算

（一）内部稳定性计算

内部稳定性计算的内容包含拉筋材料的抗拉强度和拉筋的抗拔稳定性计算，通过拉筋材料的抗拉强度计算可以确定拉筋的轴力和土体中需要铺设的拉筋长度。在计算拉筋拉力前需要对结构的土压力进行计算，然后依据计算结果来推导拉筋所受的拉力。

加筋土挡土墙面板受到填料产生的土压力通过与加筋土挡土墙连接的拉筋有效摩阻力（即抗拔力）来平衡。在加筋土挡土墙内部填土区可以分为稳定区和滑动区，两个分区的界面为破裂面，破裂面可以按简化的0.3H折线法来确定。所以，加筋土内部稳定性分析的实质就是对拉筋轴力同填筑土体土压力平衡的研究。但加筋土挡土墙面板后的土压力由于拉筋的作用，其分布较为复杂，因此目前各国对加筋土挡土墙面板后的压力的界定仍未统一。在我国现行的规范对加筋土挡土墙面板后填料产生的水平土压力为

$$\sigma = K_i \gamma h_i \tag{5-6}$$

其中，当 $h_i \leq 6\text{m}$ 时，$K_i = K_0\left(1 - h_i/6\right) + K_\alpha\left(h_i/6\right)$；当 $h_i > 6\text{m}$ 时，$K_i = K_\alpha$。

式中：K_0 为静止土压力系数，$K_0 = 1 - \sin\varphi$；K_α 为主动土压力系数，$K_\alpha = \tan^2(45° - \varphi/2)$；$h_i$ 为墙顶填土距第 i 层挡土墙板中心的高度；K_i 为加筋土挡土墙内 h_i 深度处的土压力系数；φ 为填土内摩擦角；γ 为填土重度。

如果假定加筋土体背后的填筑土体产生的土压力对加筋土内部的垂直应力不产生影响，则在拉筋长度范围内的正应力均匀分布，拉筋的轴力为

$$T_i = K_\alpha \gamma h_i S_x S_y \tag{5-7}$$

式中，S_x 为拉筋水平间距；S_y 为拉筋垂直间距。

目前，关于拉筋轴力计算方法的研究国内外一直在进行，除去上述我国采用正应力均匀分布法外，还有一些其他具有代表性的方法，如，库伦合力法、库伦力矩法等。

（1）库伦合力法

库伦合力法认为填筑土体和上部荷载所产生的土压力由拉筋与挡土墙的连接件传递给拉筋，而拉筋轴力的大小由与其连接的挡土墙所受到的土压力决定。因此，库伦合力法也可以认为是摩擦锚固系统。通过加筋土中滑动楔块的静力平衡可以确定每层拉筋受到的轴力值为

$$T_i = \frac{n}{n+1} K_\alpha \gamma h_i S_x S_y \tag{5-8}$$

式中，n 为拉筋总层数；其他符号含义同上。

（2）库伦力矩法

相关学者于1972年根据力矩平衡原则提出了库伦力矩法，该方法是通过拉筋轴力与主动土压力关于挡土墙墙趾处的力矩相加相平衡的方法得到的。根据此平衡原则可以得到各层拉筋轴力为

$$T_i = \frac{n^2}{n^2 - 1} K_\alpha \gamma h_i S_x S_y \tag{5-9}$$

式（5-9）中各符号含义同式（5-6）。

上述库伦合力法和库伦力矩法都是在摩擦锚固理论基础上提出的，随着近年来关于加筋土挡土墙工程经验的积累和相关研究的深入，以上两种方法都不能很好地、全面地表达加筋土结构的内力作用关系。目前相关研究结果表明，在加筋土挡土墙结构中，加筋土挡土墙面板并非和摩擦锚固系统中表述的受力构件一样，其主要作用是起到保护局部稳定性，在施工期间起临时

支护及装饰的作用。这一现象在以黏性土作为填筑材料时更加明显。

通过以上计算分析，可以得出结构中拉筋的抗拔稳定性计算主要是判断土体与拉筋之间的摩擦阻力能否大于土体滑动造成的拉拔力。相关研究表明，只有当加筋体由于自重或荷载作用出现较大侧向位移，滑裂面即将出现时，拉筋的极限拉拔力才能得以充分发挥，因此只有稳定区的拉筋才能提供有效的拉拔力，所以加筋体中滑裂面的位置对拉筋的拉拔力十分重要。现有关于滑裂面的研究有室内大尺寸模型试验和室外原位工程检测等，研究发现加筋土的滑裂面基本有三种：一是对数螺旋线形滑裂面；二是朗肯滑裂面；三是 $0.3H$ 滑裂面。在我国工程设计和规范中多采用 $0.3H$ 滑裂面。

（二）外部稳定性计算

1. 抗滑移稳定性计算

抗滑移稳定性计算主要是通过计算来分析加筋体与地基之间的摩擦阻力是否大于加筋体由于自重或上部荷载产生的滑动力，从而判断加筋体与地基是否会产生相对滑动，一般通过抗滑稳定系数来表达，即

$$K_c = \frac{\mu \sum N}{\sum T} \geqslant [K_c] \quad (5\text{-}10)$$

式中，K_c 为抗滑移稳定系数；$[K_c]$ 为抗滑移稳定系数规定值；μ 为加筋体与地基之间的摩擦系数；$\sum N$ 为竖向力总和；$\sum T$ 为水平力总和。

2. 抗倾覆稳定计算

结构的抗倾覆稳定计算是将加筋体看作整体按下式计算：

$$K_0 = \frac{\sum M_y}{\sum M_0} \geqslant [K_0] \quad (5\text{-}11)$$

式中，$\sum M_y$ 为稳定力对加筋土挡土墙墙趾的总力矩；$\sum M_0$ 为倾覆力对加筋土挡土墙墙趾的总力矩；K_0 为抗倾覆稳定系数；$[K_0]$ 为抗倾覆稳定系数规定值。

3. 地基承载力计算

我国加筋土设计规范在验算地基承载力时将加筋体看作刚体进行计算。

$$\sigma_{\max} = \frac{N}{L} + \frac{6M}{L^2} \leqslant K[\sigma] \quad (5\text{-}12)$$

$$\sigma_{\min} = \frac{N}{L} - \frac{6M}{L^2} \geqslant 0 \quad (5\text{-}13)$$

式中，$\sigma_{\max}$ 为基底最大应力；$\sigma_{\min}$ 为基底最小应力；M 为作用在基底弯矩；N

为作用在基底垂直力的合力；L 为加筋土底面宽度；K 为地基土容许承载力提高系数；$[\sigma]$ 为地基容许承载力。

因为加筋体为柔性结构，而此方法将加筋体视为刚形体，所以会造成一定的设计浪费。

4. 整体稳定性计算

一般情况下，在进行加筋土挡土墙的整体稳定性分析时边坡的计算方法主要采用圆弧计算法，为确保结构的整体稳定性，需要保证滑裂面上的抗滑力大于其滑动力：

$$K_s = \frac{F}{H} \geqslant [K_s] \quad (5-14)$$

式中，F 为抗滑力；H 为滑动力；K_s 为抗滑安全系数；$[K_s]$ 为容许抗滑安全系数。

在对填筑高度比较高的加筋土挡土墙整体稳定性进行计算时，需要将其分为两种情况来计算，一种是提前假定的圆弧滑裂面穿过加筋区，此时需考虑加筋区中拉筋的作用；另一种是提前假定的圆弧滑裂面未穿过加筋区。当圆弧穿过加筋区考虑加筋体中的拉筋作用时计算要复杂得多，根据现有研究结论，一般情况下只对第二种情况进行计算即可。对以往加筋土挡土墙事故分析可以发现，整体性失稳破坏占相当大部分，因此，在稳定性分析时应重视。

三、不同类型的加筋土支护设计

（一）土工格栅加筋土挡土墙设计

1. 土工格栅加筋土挡土墙设计概述

土工格栅加筋技术是在填土中铺设具有抗拉性能的土工格栅，以增强土体抗剪强度及改善土工构筑物整体稳定性的加固方法。

整体式面板加筋土挡土墙属于柔性结构，比传统的刚性结构挡土墙能更好地适应变形，在不良地基处理中采用这种结构尤其能显示其结构上的优势，而且还具有较强的抗地震能力。

设计时，主要从土工格栅最小抗拉拔安全系数、最小抗直接滑动安全系数、容许偏心比率、最小总体抗深层滑动安全系数、最小极限承载力安全系数诸方面来综合考虑其结构与稳定性。

2. 土工格栅加筋土挡土墙设计技术

（1）土工格栅加筋土挡土墙的设计方法

目前，对于土工格栅加筋土挡土墙的设计，大多数国家的国家技术规范或试行技术规范中关于加筋土挡土墙的设计方法都是以极限平衡理论为基础发展起来的。在这些方法中以德国建筑技术规范设计方法——双楔体法（DIBt 法）最为典型，它是欧洲国家（包括英国）普遍接受并应用的方法，而且在世界其他国家也越来越普遍。DIBt 法是以双楔体计算理论为基础，如图 5-2 所示，其中第一楔体定义为加筋土体正面与背面之间的土体，根据库伦理论，楔体 2 定义为在加筋土体背面上施加土压力的土体。两楔体交界于加筋土体的背面。

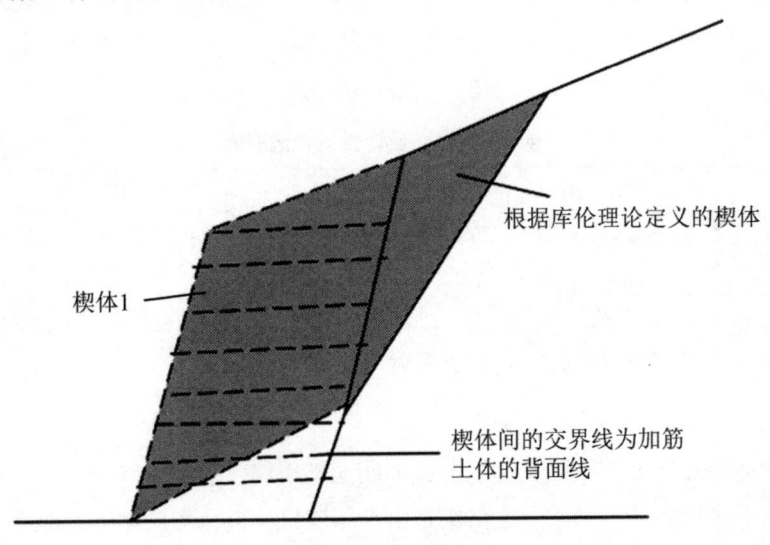

图 5-2 DIBt 法示意图

采用 DIBt 法进行外部稳定计算时，假定加筋土体为刚性体，对它进行抗滑、抗倾覆、地基承载力及抗深层滑动计算。通过这些计算确定加筋土体的宽度，即加筋材料长度。根据德国规范，沿加筋土体底的抗滑稳定安全系数必须大于 1.5。进行地基承载力验算时，采用修正太沙基承载力计算公式，考虑合力倾斜因素的影响，认为加筋土体作用在地基上的压力分布为均匀的关耶霍夫分布，验算要求地基承载力安全系数必须大于 2.0。最后采用毕晓普圆弧分析法对加筋结构体进行抗深层滑动分析验算。

不同于锚固楔体法（tie-back wedge method）及国内规范，DIBt 法考虑加筋土体内部稳定时，考虑加筋楔体 1 稳定，楔体 1 的稳定所需的力由加筋材料提供。如图 5-2 所示，加筋材料提供的抗滑力必须大于楔体 1 滑动破坏力。计算筋材的抗滑力时，取筋材所能提供的抗拉力与抗拔力两者中的小值。除此之外，还需考虑加筋体结构面的稳定性，保证每层加筋材料设计强度不小于作用在加筋体结构面上的主动土压力。通过这些计算，确定加筋材料及其布置。

（2）土工格栅加筋土挡土墙设计的强度计算

土工格栅相应于工程设计使用年限的设计强度可按下式计算：

$$P_{\text{des}} = \frac{P_c}{f_m \times f_e \times f_d \times f_j \times \text{LF}} \quad (5-15)$$

式中，P_{des} 为相应于工程使用年限的筋材设计强度；P_c 为蠕变极限抗拉强度，通过蠕变实验确定；f_m 为材料安全折减系数，与生产控制有关；f_e 为考虑环境影响的安全折减系数；f_d 为考虑施工影响的安全折减系数；f_j 为考虑筋材间连接有效性的安全折减系数；LF 为考虑荷载影响的安全折减系数。对于格栅Ⅱ与格栅Ⅲ各参数取值见表 5-2。

表 5-2　格栅设计强度参数取值

格栅类型	P_c（20℃，120年）（kN/m）	f_m	f_e	f_d	f_j	LF（DIBt）	P_{des}（kN/m）
Ⅱ	27.1	1.0	1.0	1.08	1.0	1.75	14.33
Ⅲ	55.8	1.0	1.0	1.08	1.0	1.75	29.53

（二）包裹式加筋土挡土墙设计

1. 包裹式加筋土挡土墙概述

无面板加筋土挡土墙又称包裹式加筋土挡土墙，墙面由筋带（土工格栅）反包填土网袋而成，每层土工格栅是由专用连接棒连接形成整体，网袋内填充适宜当地的草籽、灌木、花籽等，施工数月后即可形成绿色生态墙面。为防止反包部分土工格栅日晒老化及迅速绿化墙面，墙面挂三维网。

边坡在自重和荷载作用下，单元土体产生压缩变形，侧向发生弹性膨胀，随着外荷载的增加和时间的延长，弹性变形越来越大，土体开始产生塑性变形，当变形超过一定时，土体开始失稳破坏。该墙通过在路堤填料内分层铺满土工格栅，利用土工格栅与填料间的摩擦作用，将侧向变形传给筋带，由于筋带拉伸模量大，土体的侧向变形受到了限制，并随竖向应力增加，侧向限制荷载也成比例地增加，从分析可看出，无面板加筋土挡土墙利用筋带和土间的加筋原理及准黏聚力原理，改良了土的力学特性，提高了土体的承压能力，限制了土体侧向位移，实现了路基本体的稳定和安全。

2. 包裹式加筋土挡土墙设计技术

（1）包裹式加筋土挡土墙构造设计

包裹式加筋土挡土墙构造设计包括断面形式、墙背填料、加筋材料的选择。其中，墙背填料及加筋材料的选择是保证加筋土挡土墙质量的关键。

包裹式加筋土挡土墙断面的坡比一般为 1：0.5～1：1。墙面由高强土工格栅反包土工网袋形成；墙背填料是加筋土结构的主体材料，可采用砂类土、砾石类土、碎石类土，也可选用其他细粒土填充。

包裹式挡土墙加筋材料应优先选用强度高、变形小、粗糙度大、抗老化、耐腐蚀、抗撕裂强度大、可回折包裹、长期蠕变变形小的高密度聚乙烯单向拉伸土工格栅。极限抗拉强度及长期蠕变强度是控制筋材质量的关键，筋材的设计极限抗拉强度可根据容许抗拉强度确定，容许抗拉强度可根据筋材的铺设间距确定。

（2）结构设计

结构设计主要包括加筋材料拉应力、容许抗拉强度、筋带有效长度、包裹长度及垂直间距的设计及挡土墙稳定性的检算。

拉筋有效长度

$$L_{bi} = \frac{T_i}{2 \times \sigma_{vi} \times af} \qquad (5\text{-}16)$$

式中，T_i 为第 i 层拉筋的计算拉力，kN；L_{bi} 为拉筋有效长度，m；σ_{vi} 为第 i 层拉筋上下两面垂直压应力，kPa；a 为拉筋宽度，cm；f 为拉筋与填土间的似摩擦系数，一般取 0.3 ~ 0.4。

设计中拉筋的长度不仅要满足抗拔稳定性的要求，还必须满足整体抗水平滑动及抗倾覆稳定性的要求，从实践中看，式（5-16）算得的拉筋有效长度偏短，故推荐用式（5-17）进行拉筋有效长度计算

$$L_{bi} = \frac{E_{xi}}{\sigma_{vi} \times a \times f} \qquad (5\text{-}17)$$

式中，E_{xi} 为第 i 层承受的水平土压力，明其余符号意义同上

筋材铺设的间距一般由筋材承受的拉力、筋材强度和铺设要求计算确定，根据经验一般取 0.3 ~ 0.5。

无面板加筋土挡土墙的抗滑稳定性、抗倾覆稳定性、基底应力检算时，可将其视为实体墙，参照重力式加筋土挡土墙进行检算。同时还应采用圆弧法进行加筋土挡土墙的整体稳定性分析。

第六章　排桩与板桩支护技术

排桩与板桩支护技术的主要内容包括对排桩与板桩式挡土墙的支护设计。排桩支护技术经过不断的发展，除了有传统的悬臂式排桩、单支点排桩的支护形式外，还发展出了双排桩支护技术，并且在工程中的应用也日益广泛。斜插式板桩墙支护设计是基于传统板桩墙构造的一种新的支护形式，主要有预制挡板、现浇挡板、"挑耳"抗滑桩等连接方式，同时绿化设计也是斜插式板桩墙支护设计的重要内容。

第一节　传统排桩与板桩式支护技术

一、传统排桩支护设计

（一）悬臂式排桩支护设计

1. 悬臂式排桩支护概述

悬臂式排桩支护结构主要依靠结构足够的嵌固深度和结构的抗弯能力来保证基坑的整体稳定与结构的安全，悬臂式排桩支护结构常采用钢筋混凝土排桩墙、木板墙、钢板桩、钢筋混凝土板桩、地下连续墙等形式。悬臂式排桩支护结构适用于地基土质好、基坑开挖深度较浅的工程。

悬臂式排桩支护结构特点主要为以下三点。

①无须基坑内设支撑，也不要桩顶锚拉及使用锚杆；

②挖土方便，基坑四周支护完成即可挖土，但灌注桩（排桩或间隔桩）需等桩顶连接圈梁完成，方能挖土；

③悬臂部分不能太深，即基坑深时须采取支撑、锚拉、锚杆等措施。

悬臂式排桩支护结构适用于各种土质条件。但当基坑较深时，应注意采用悬臂排桩是否合理。

悬臂式排桩支护在具体应用时一般在桩顶都浇筑有一道压顶圈梁，作为安全储备，压顶圈一般称为冠梁，冠梁一般在支护桩的设计计算中只是作为增加支护结构系统的整体性的构造措施，事实上，冠梁可以和支护桩协同工作。设置了冠梁以后，由基坑外侧水、土及地面荷载所产生的对竖向围护构件的水平作用力通过冠梁传给下部结构；设置了冠梁以后，可使原来各自独立的竖向围护构件形成一个闭合的连续的抵抗水平力的整体，其刚度对围护构件的整体刚度影响很大，因此冠梁是悬臂式排桩支护结构的必要构件。冠梁通常采用现浇钢筋混凝土结构，以保证有较好的连续性和整体性。冠梁首先是水平方向受弯的多跨连续梁，所以采用宽扁梁效果较好。各计算跨度为相邻桩轴线之间的中心矩。

悬臂式挡土结构的安全系数一般分为稳定性安全系数和结构性安全系数，稳定性分析时一般计算入土深度乘以安全系数 1.2～1.5，结构强度计算时一般按现行规范取值。

2. 悬臂式排桩支护设计的计算

（1）朗肯土压力计算法

土压力零点位置深度系数计算过程如下。

①根据压力平衡可得

$$\gamma n_1 h k_p = \gamma h k_\alpha \tag{6-1}$$

即

$$n_1 = \frac{K_\alpha}{K_p} = \frac{1}{\xi} \tag{6-2}$$

②剪力为零的最大弯矩点位置深度系数计算公式如下：

$$\frac{1}{2}\gamma(n_2 h)^2 K_p = \frac{1}{2}\gamma h^2 K_\alpha + n_2 h^2 \gamma K_\alpha \tag{6-3}$$

得

$$n_2 = \frac{1 \pm \sqrt{1+\xi}}{\xi} \tag{6-4}$$

由于 $\xi > 0$，故式（6-4）取正号

$$n_2 = \frac{1 \pm \sqrt{1+\xi}}{\xi} = \frac{1}{\sqrt{\xi+1}-1} \tag{6-5}$$

③最小嵌入深度计算。

根据零点力矩平衡条件：

$$\frac{1}{6}\gamma(n_1h)^3 K_p = \frac{1}{2}\gamma h^2 \left(\frac{h}{3}+n_1h\right)K_\alpha + n_1h \cdot \gamma h K_\alpha \cdot \frac{1}{2}n_1h \quad (6\text{-}6)$$

整理后得

$$n_1 = \frac{1}{3\sqrt{\xi+1}-1} \quad (6\text{-}7)$$

（2）极限计算法

悬臂式排桩支护结构采用三角形分布的土压力形式，当单位桩两侧所受的净土压力相平衡时，桩处于稳定状态，相应的桩入土深度即为保证其稳定所需的最小入土深度，可根据静力平衡条件求出。

计算步骤如下。

①计算桩底端后侧主动土压力强度 e_{a3} 及前侧被动土压力强度 e_{p3}，然后叠加求出第一个土压力为零的点距基坑底面的距离 u；

②计算零点以上土压力合力 $\sum E$，求 $\sum E$ 作用点到零点的距离 y；

③计算桩底端前侧主动土压力强度 e_{a2} 及后侧被动土压力强度 e_{p2}；

④计算零点处桩前侧主动土压力强度 e_{a1} 及后侧被动土压力强度 e_{p1}；

⑤根据作用在悬臂式排桩支护结构上的全部水平作用力平衡条件 $\sum x = 0$ 和绕桩底端力矩平衡条件 $\sum M = 0$ 可得

$$\sum E + \left[(e_{p3}-e_{a3})+(e_{p2}-e_{a2})\right]\frac{z}{2} - (e_{p3}-e_{a3})\frac{t}{2} = 0 \quad (6\text{-}8)$$

$$\sum(t+y)E + \left[(e_{p3}-e_{a3})+(e_{p2}-e_{a2})\right]\frac{z}{2}\cdot\frac{z}{3} - (e_{p3}-e_{a3})\frac{t}{2}\cdot\frac{t}{3} = 0 \quad (6\text{-}9)$$

式（6-8）和式（6-9）中，只有 z 和 t 两个未知数，将已知的（e_{a2}、e_{p2}、e_{a3}、e_{p3}）计算公式代入消去 z，可得到一个关于 t 的方程，求解后即可求出零点以下桩的有效嵌固深度 t_0，为安全起见，实际嵌固深度为

$$t_c = u + (1.1-1.2)t \quad (6\text{-}10)$$

计算桩的最大弯矩 M_{max} 可以根据最大弯矩点剪力为0求出最大弯矩 D 点离基坑底的距离 d，再根据 D 点以上所有力对 D 点取矩，就可求出最大弯矩 M_{max}。

（二）单支点排桩支护设计

1.单支点排桩支护概述

对于单锚（撑）支护结构，除了弹性抗力法外，根据支护桩的入土深

度、坑底以下的土的性状，目前常规的极限平衡计算方法可分为简支梁法和等值梁法。简支梁法是将桩下端看作自由端，将整个支护桩看作简支梁，首先根据各水平力对锚拉（支撑点）的力矩平衡条件求出桩长，然后再根据水平力平衡条件求出锚拉（支撑）力。等值梁法则将桩下端看作固定端，将锚拉（支撑）处作为辊轴支座，反弯点（近似取土压力为零点）作为铰支座，首先根据相当梁的力矩、力平衡条件求出锚拉（支撑）力。然后，根据下段的力矩平衡条件，求出桩的嵌固深度。支护桩的最大弯矩均取桩身剪力为零点的弯矩。

单支点排桩支护的原理为，深埋锚杆锚固土体是要求锚杆穿过不稳定土体潜在的土层构造面，按给定的方向将力从结构传递到岩土介质，锚固于较深的稳定土体上，当锚固段锚杆受力时，首先通过锚杆与周边水泥砂浆握裹力传到砂浆中，然后通过砂浆传到周围土体，随着拉力的增加，当锚固段内发生最大黏结力时，就发生与土体的相对位移，随即发生土与锚杆的摩阻力，直到极限摩阻力。锚头位于锚杆的外露端，与结构物与土体表面连接，还可通过它对锚杆施加预应力，从而达到锚固的目的。

2. 单支点排桩支护设计的计算

（1）装嵌固深度计算

设桩体入土深度为 x，E_q 为地面超载 q 引起的侧土压力。

根据平衡条件，有 $\sum M = 0$

$$E_a\left[\frac{2}{3}(h+x)-h_0\right]+E_q\left[\frac{1}{2}(h+x)-h_0\right]-E_p\left(\frac{2}{3}x+h-h_0\right) \quad (6\text{-}11)$$

对于非黏性土，有

$$\begin{cases} E_a = \frac{1}{2}\gamma(h+x)^2 K_a \\ E_q = q(h+x)K_a \\ E_p = \frac{1}{2}\gamma x^2 K_p \end{cases}$$

当 $h_0=0$ 时，整理可得

$$(2\gamma K_a - 2\gamma K_p)x^3 + (6\gamma K_a h + 3q K_a - 6\gamma K_p h)x^2 + (6\gamma K_a h^2 + 6q K_a h)x \\ + 2\gamma K_a h^3 + 3q K_a h^2 = 0 \quad (6\text{-}12)$$

求解可得出桩体嵌固深度 x 的值。从式（6-12）得出的嵌固深度 x 值是从强度计算出发求得的，另外还要满足抗滑移、抗倾覆、抗隆起和抗管涌等稳定性要求，一般情况下，计算所得的嵌固深度在施工中应乘以安全系数 K（其范围为 1.1～1.5），以确保安全。

（2）支撑（拉锚）反力计算

求出嵌固深度 x 后，利用平衡条件 $\sum H = 0$，则有

$$T_A = E_a + E_q - E_p \quad (6-13)$$

可求得每延米上的支撑反力 T_A 的值，再乘以支撑（拉锚）间距即可得单根支撑（拉锚）轴力。

（3）最大弯矩计算

最大弯矩发生于剪力为零处，设从桩顶往下 y 处剪力为 0，则

$$\frac{1}{2}\gamma K_a y^2 + q K_a y - T_A = 0 \quad (6-14)$$

$$M_{max} = T_A \cdot (y - h_0) - \frac{1}{2} q K_a y^2 - \frac{1}{6} \gamma K_a y^3 \quad (6-15)$$

求解式（6-15）即可求出桩身所受的最大弯矩值。

二、板桩式挡土墙支护的设计

（一）板桩式挡土墙概述

板桩式挡土墙系钢筋混凝土挡土墙结构，由抗滑桩及桩间的挡土板两部分组成，墙后压力主要通过挡土板传递至抗滑桩上，利用抗滑桩深埋部分的锚固段的锚固作用和被动土抗力维护挡土墙的稳定。板桩式挡土墙适宜于土压力大、墙高超过一般挡土墙限制的情况，地基强度的不足可由桩的埋深得到补偿。板桩式挡土墙可作为路堑、路肩和路堤挡土墙使用，也可用于治理中小型滑坡，多用于表土及强风化层较薄的均匀岩石地基上。

对抗滑桩的设计，原则上满足以下几点要求。

①桩间土体在下滑力作用下，不会从桩间挤出去，通过控制桩间距来进行控制；

②桩后土体在下滑力作用下，不会产生新滑面自桩顶滑出，要进行越顶检算，通过控制桩高来控制；

③桩身要有足够的稳定性，在下滑力作用下不会倾覆，通过控制桩的锚固深度来控制；

④桩身要有足够的强度，在下滑力的作用下，不会破坏，对桩进行配筋来控制。

（二）板桩式挡土墙支护设计的计算

1. 压力计算

土压力、水浮力、活载及施工当中的临时荷载是板桩式挡土墙的主要压力，以公路工程为例，由于两侧路堑边外是自然山体，因此并没有车辆等荷载，对于土压力这一主要压力可以利用库仑土压力计算方法来做出计算，其公式如下：

$$E_a = \frac{1}{2} y H^2 K_a = 98.9 \text{kPa} \qquad （6-16）$$

$E_x = 94.4 \text{kPa}$，$E_y = 29.8 \text{kPa}$，$Z_y = 2.149 \text{m}$

式中，y 为挡土墙后的填土容重，kN/m^3；H 为挡土墙的高度，m；K_a 为主动土压力的系数。

2. 桩设计计算

板桩式挡土墙的主要受力构件为桩，根据板桩式挡土墙的受力特点，设计中主要对桩顶位移和桩的弯矩进行计算。采用 m 法进行内力计算，m 值取为 $20MN/m^4$。

板桩式挡土墙的抗滑桩采用就地整体浇注，混凝土强度等级为C30，受力筋沿桩长方向布置，受力钢筋采用Φ25。

初步拟定抗滑桩尺寸为 1.0m×1.5m（挡土侧），抗滑桩间距为4m。初拟桩长为10.5m，即基础埋深为4.5m。

（1）弯矩与剪力计算

由于桩后不设置锚（索），设计中将桩按受弯构件设计。桩的作用荷载主要为两侧桩间距各半的墙后土压力的水平分力。

桩的最大剪力 Q_z 和最大弯矩 M_z：

$$M_z = \frac{Q_0}{a} A_m^0 + M_0 B_a^0 M = 1358.4 \text{kN·m} \qquad （6-17）$$

即距离桩顶7.3m。

$$Q_z = Q_0 A_m^0 + a M_0 B_Q^0 = 669.3 \text{kN} \qquad （6-18）$$

即距离桩顶9.2m。

式中，a 为桩的变形系数，$a = \sqrt[5]{\dfrac{mb_1}{EI}}$；$A_m^0$、$B_m^0$、$A_Q^0$、$B_Q^0$ 为无量纲系数。

（2）桩顶位移计算

板桩式挡土墙计算中，桩顶位移是设计计算中主要的安全控制内容，结合相关规范要求,桩顶位移应小于悬臂段长度的1/100,且不宜大于10cm。

桩顶位移 X_0 计算如下:

$$X_0 = \frac{Q}{a^3 EI} A_x + \frac{M_0}{a^2 EI} B_X = 5\text{cm} < 6/100 = 6\text{cm} \quad (6-19)$$

式中,L 为明墙高,m;h 为基础埋深;

结果表明拟定基础埋深及桩的尺寸设计满足要求。

3. 挡土板设计计算

挡土板采用C30混凝土预制拼装,受力钢筋采用Φ12钢筋。

挡土板与桩连接处,相邻板端设置间隙缝,缝宽为0.1m,间隙缝填塞沥青麻絮。挡土板预制中预留吊装孔,除底层挡土板吊装孔作为泄水孔外,其余吊装孔在安装后均用混凝土填塞。挡土板与抗滑桩搭接长度不小于1倍板厚,设计取0.7m。

挡土板视为支承在桩上的简支板进行内力计算,并按照受弯构件设计。挡土板的作用荷载取墙后土压力水平向最大值,按照均布荷载进行计算。

板的计算跨径 L 计算公式如下:

$$L = L_1 + 1.5t \quad (6-20)$$

式中,L_1 为相邻两桩的净距;t 为挡土板的板厚。

(三)板桩式挡土墙支护的动态设计

动态设计是指根据现场实际情况不断对整个边坡设计进行完善和补充。在实际工程中,由于地质情况复杂多变,地质勘察报告准确性的保准率较低,地质勘察报告可能会与实际地质情况不符甚至差距较大,故规范明确提出边坡工程的设计宜采用动态设计法。对地质情况复杂的一级边坡,设计时应结合边坡地质勘察报告,因地制宜,做好边坡设计方案比选,提请业主及相关专家评审,在此基础上再进行边坡挡土墙的设计。在施工开挖中应补充进行必要的施工勘察,核对原地质勘察结论,设计人员应及时掌握施工开挖揭示的真实地质状况、施工情况及变形监测等信息,及时对原设计进行校核、修改和补充。

对板桩式挡土墙进行动态设计,要根据每根桩开挖时揭示的地质状况对桩身入土深度、桩身配筋等进行必要的调整,当以上调整不能满足要求时,可在桩身上部施加锚索来改善桩身受力和变形。

第二节 双排桩支护技术

一、双排桩支护技术概述

（一）双排桩支护技术的特点

双排桩支护技术作为一种新型的支护技术，在工程中的应用日趋广泛，前景可观。其结构可以理解为是由原来密集的单排桩中部分桩向后移动了一定的距离，形成两排平相桩，并与桩顶的连梁和冠梁共同组成门式框架支护结构。在这种支护结构中，刚性较大的冠梁将桩顶连接在一起，有效地控制了结构的变形，使结构的侧向刚度大大提高。在严格控制变形、环境多样性的工程中，双排桩支护技术是一种应用比较客观的支护技术。

双排桩支护结构主要具有以下特点。

①桩和土共同作用，从而改变土本身的侧压力分布形式，这使得整体结构应力分布更加均匀，土体所承受的支护效果更佳；

②此种支护技术能够提升门式框架结构整体性的刚度和稳定性；

③前排桩主要承担土压力对土体的作用，与此同时后排桩起到了支挡与拉锚的稳固性双重作用，从而分担了主动土压力对土体的作用效果。

（二）双排桩支护的布桩结构

双排桩支护结构各构件应该按具体的工程条件规定：

①钢筋混凝土桩的类型应按照桩身受力大小、工程所在位置的地质条件、施工设备及现场环境选用；

②双排桩支护结构前、后排桩之间可布置止水帷幕，防止地下水对支护结构产生不良影响和桩间土体流失；

③双排桩连梁的厚度应该在500mm以上，平面上应使基坑内侧的桩体距坑壁不小于50mm，沿基坑周边形成封闭结构，还可以适当增强转角处结构的刚度。

双排桩支护结构的构成可以看作将单排悬臂桩部分桩向后移动，前、后排桩顶用刚性连梁连接起来。双排桩支护结构沿基坑长度方向形成空间支护体系。常见的双排桩支护结构布桩形式有：矩形格构式、梅花式、双三角式、折线式、连拱式和丁字式。

双排桩支护结构的布桩形式根据需要还可以是前、后排桩不同桩径或者前、后排桩不同材料的上述组合形式。

双排桩支护结构的布桩形式使前、后排桩都分担主动土压力，前排桩分担主要土压力，后排桩则同时具有拉锚和支挡作用。其支护结构体系形成了空间格构，有效地增强了自身的稳定性和整体刚度。

（三）双排桩支护技术的优势与不足

1. 双排桩支护技术的优势

与单排悬臂桩相比，双排桩支护具有以下优势。

①单排悬臂桩完全依靠嵌入土体内的足够深度来承受桩后的侧土压力并维持其稳定性，坡顶位移和桩身本身的变形较大。而双排桩由于前、后排桩由刚性连梁连接组成一个超静定结构，整体刚度大；

②双排桩支护体系的结构特点决定了它能在复杂多变的外荷载下自动调节自身内力，从而更好地适应复杂且往往难于预料的荷载条件，而单排悬臂桩则不具备这种功能；

③与单排悬挂桩相比，双排桩支护体系具有很好的抗倾覆能力。它实质上相当于一个插入土体的钢架，之所以具有较强的抗倾覆能力，首先是因为前排桩前被动区土体产生的被动土压力和钢架插入土中部分的前桩抗压、后桩抗拔所形成的力偶来共同抵抗倾覆力矩；其次，桩间土体在前、后排桩的约束下变形很小，且桩间土与桩体接触良好，则可将前、后排桩及桩间土共同视为具有一定整体性的重力式挡土墙，利用墙体自重和墙体与土体之间的相互作用力为体系提供一定的抗倾覆能力；

④双排桩支护体系一般不需要设置内支撑，这样就给开挖工作提供了较大的施工空间，同时由于减少了拆除内支撑的工序，还可以降低成本，因此，双排桩支护体系具有应用价值高、适应性强的特点；

⑤在周围建筑密集，作业空间小的深基坑支护中，采用悬臂桩往往不能满足控制变形的要求，而单排悬臂桩支护体系对周围建筑也会产生不利影响，这时采用双排桩支护体系不仅节省作业空间，还能够更好地控制土体变形。所以双排桩支护体系也有施工难度低、工期短、安全性高的特点。

2. 双排桩支护技术的不足

①目前针对双排桩支护结构的计算方法还不够成熟，系统性的研究试验和工程实例都不够多，缺少大量的实测数据，因此还不是很清楚其结构的受力机理，还需进一步研究。

②双排桩支护形式对于场地的空间要求较高，其支护桩的实施要求在基坑周边留有一定空间，若基坑周边的场地较为狭小，则会限制双排桩支护形式的使用。

③该支护形式尚缺乏一种统一的理论与计算方法作为指导，目前参数的确定大多是依据经验的方法来确定。

二、双排桩支护设计的计算

(一) 弹性地基梁法

1. 计算模型

该方法采用温克勤假定的计算模型进行分析，即以温克勤假定为基础，考虑桩与土的共同作用，从而确定出前、后排桩在开挖面以上的土压力荷载及地基土的水平基床系数，以弹性地基梁和结构力学分析的方法为基础即可求出门式钢架挡墙结构的内力。

将双排桩分割成前排桩、后排桩和连梁三部分，前排桩在桩背土压力 E_1、连梁的作用力及基坑底面以下土体的弹性支撑下工作；后排桩则在桩背土压力 E_2、连梁作用力及开挖面以下土体的弹性支撑下工作。

双排钻孔（挖孔）灌注桩进入工作状态后，灌注桩之间的土体随墙身的平移而扰动，可近似将基底以上部分的土体看作承受侧向约束的半无限长土体，根据平面应变问题的物理方程，并近似地认为桩间土的横向应变为 0，于是桩间土的侧压力 σ 可按下式计算：

$$\sigma = \frac{\mu}{1-\mu} \gamma z \tag{6-21}$$

式中，μ 为土的泊松比；γ 为土的天然容重；z 为地表至计算点的距离。

基底以下部分的土对桩的侧向抗力，采用温克勤假定，将地基土看作彼此独立的弹簧来模拟其变形性质。

2. 内力计算

对于温克勤假定的计算模型，在解法上将双排桩体分隔成前排、后排桩及连梁三部分，分别建立前、后排桩体侧向受载下的微分方程，引入桩尖集中剪力和集中弯矩为零的边界条件，同时利用变形协调及内力关系，联合求解桩顶内力与位移，进而得到整个双排桩支护结构的内力和位移。

弹性地基梁法在一定程度上考虑了支护结构与土体的相互作用的影响，用压缩刚度等效的土弹簧模拟地层对支护结构变形的约束，理论上比极限平衡法更合理。但是，采用上述模型时由于在桩顶常会出现桩与土体脱离的现象，因此对桩顶位移的计算与实际情况偏差较大；此外，在确定土的抗力时，常采用 m 法，这是一种线弹性的地基反力法，由桩的水平荷载试验表明，在整个位移范围内假定地基为线弹性是不合理的，尤其在桩水平位移较大的情况下，其不合理性更为突出。

（二）修正系数法

修正系数法由张泓、林栋提出，该法考虑连梁与前、后排桩铰接的情况，运用经验系数调整前、后排桩所受的侧向土压力。

1. 计算假定

随着土体开挖深度的加深，起到支护作用的前排桩与后排桩将发生一定量的位移，这就使得桩与桩之间的土体受到一定程度的扰动，因为要注意到结构的整体稳定性及其与开挖土体之间的相互约束的作用，因此假定认为桩间土体受到的侧向约束为无限长弹性土体，同时也要考虑桩顶的圈梁与连梁的作用，故认为水平应变所引起的横向应变为零，因此前排桩所受的土体的压力为

$$\sigma = \frac{\mu}{1-\mu}\gamma z \qquad (6-22)$$

式中，μ 为桩背土泊松比；γ 为土的重度，kN/m^3；z 为计算点的深度，m。

因为后排桩对前排桩有约束作用，所以前排桩所受到的侧向土压力为 e'_{pf}，它的大小是处于静止土压力和被动土压力之间的，但是为了更方便使用，工程中常常将被动土压力乘以经验系数等一些方法予以折减：

$$e'_{pf} = K_1 e_p = K_1\left(\gamma z K_p + 2c\sqrt{K_p}\right) \qquad (6-23)$$

式中，K_1 为被动土压力折减系数，常为 0.5~0.7；K_p 为被动土压力系数。

同样由于前排桩与连梁对后排桩也具有约束限制，并且前排桩和后排桩的侧向刚度仍很大，因此我们依然认为土体与后排桩的位移仍然处在弹性范围之内，还认为后排桩受到土体带来的侧向土压力 e_{ab}，其值大小介于静止土压力与主动土压力之间：

$$e_{ab} = K_2\left(\gamma z k_a - c\sqrt{K_a}\right) \qquad (6-24)$$

式中，K_a 为主动土压力系数；K_2 为后排桩主动土压力折减系数，一般取 1.1~1.2。

2. 计算模型

（1）前排桩的土压力计算模型

前排桩模型计算时将桩顶部的梁认为是刚性拉结，底部的梁认为是简支的支护结构，其模型如图 6-1 所示。如果前排桩的入土深度最少为 h_0 时，

就要按照两端简支的挡土桩计算其土压力的值，按此种假设再根据式（6-24）即可得到桩前土压力和桩背的土压力，然后可以依据静力的平衡准则得出支点的反力 R，综上计算后最终即可找到前排桩的作用点和其最大的弯矩值。

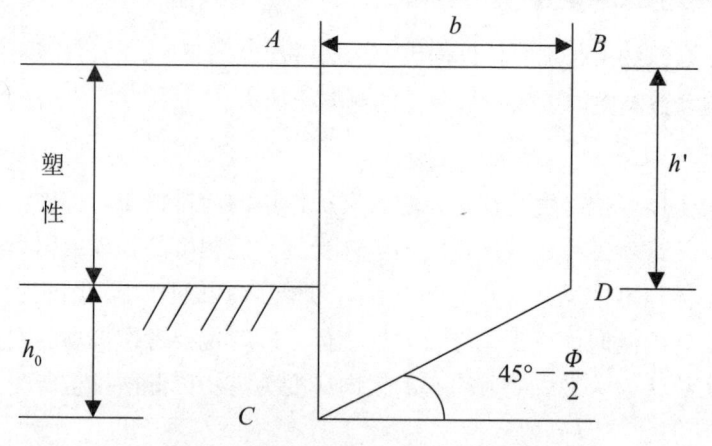

图 6-1　修正系数法双排桩计算模型

（2）后排桩的土压力计算模型

通过抗倾覆验算等计算之后即可求出后排桩的桩长 h，再根据式（6-24）即可得到桩前的侧向抗力和桩背的土压力合力，接下来就可以求出后排桩的作用点和其最大的弯矩值。

修正系数法是早期的深基坑双排桩支护结构较常采用的一种方法，其虽然理论计算方面较为简单，但该方法假定与实际工程中面临的问题的出入较大，主要的原因是该方法中土压力的反向桩顶力偶作用没有办法在模型中充分地体现出来，以及无法准确地反映出作为一种超静定结构的双排桩体系在复杂环境下对内力的调节功能。另外，经验系数不稳定，受人为的和区域性的影响较大，因此这种方法现阶段使用较少，仅有连梁的刚度小、前排桩与后排桩之间的间距大的情况出现的时候使用。

（三）体积比例系数法

体积比例系数法是由何颐华等提出的，根据双排桩支护结构中前、后排桩之间的滑动土体占桩后排总量的体积比例关系来确定前、后排桩所受的土压力。在基本假定下，又对不同的布桩形式给出了相关的计算表达式。

体积比例系数法在双排桩支护结构中的基本假定如下：

①将前、后排桩和桩顶连梁看作底端嵌固，顶端为直角刚节点的门式钢架结构；

②连梁为绝对刚体；

③基坑开挖后,在土压力的作用下连梁只能平移不能转动,平移过程中前、后排桩在连梁标高处的水平位移相等;

④土压力的计算采用朗肯土压力理论。

土压力的计算方法为:双排桩支护结构在支护过程中产生的内力和位移由上述三条假设推导出来。

计算的详细过程如下。

基坑开挖后支护结构的简化土压力分布如图 6-2 所示,假定前排桩主动土压力为 P_{af},前排桩被动土压力为 P_{pf},后排桩主动土压力为 P_{ab},后排桩被动土压力为 P_{pb}。根据不同的布桩情形,可分别求得作用在前、后排桩上的土压力,以梅花布桩形式为例,根据排列情况考虑桩间土对土压力的传递作用,前排桩和后排桩的主动土压力分别为

$$P_{af} = \sigma_a + \Delta\sigma_a \quad (6-25)$$

$$P_{ab} = \sigma_a - \Delta\sigma_a \quad (6-26)$$

假定不同深度下,$\Delta\sigma_a$ 与 σ_a 的比值相同:

$$\Delta\sigma_a = a\sigma_a \quad (6-27)$$

式中,a 为比例系数;σ_a 为朗肯主动土压力,将其代入可得

$$E_{ab} = (1-a)\Delta\sigma_a \quad (6-28)$$

$$E_{af} = (1+a)\Delta\sigma_a \quad (6-29)$$

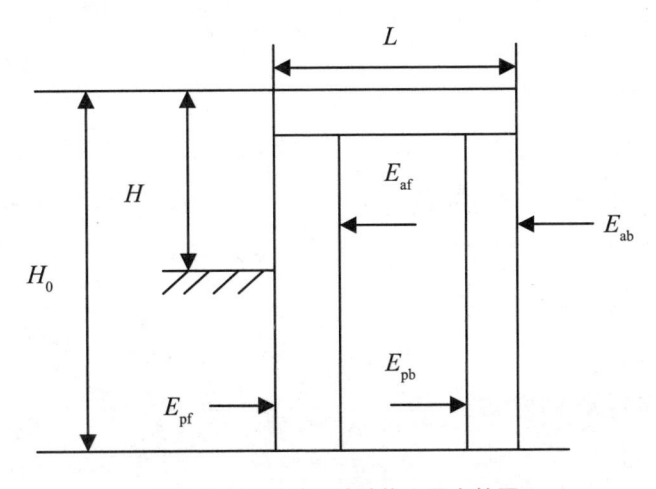

图 6-2 双排桩支护结构土压力简图

比例系数 a 的确定方法如图 6-3 所示。

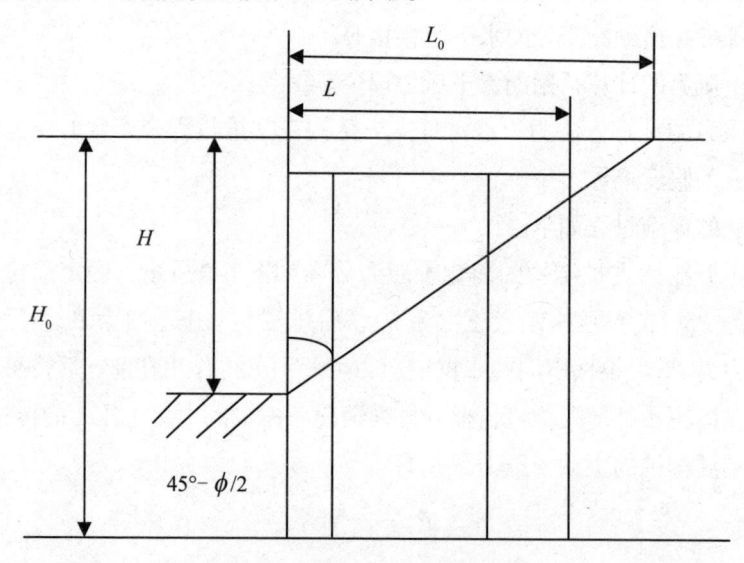

图 6-3 比例系数 a 的确定方法

H 为基坑深度，L 为双排桩排距，取值范围为 $0 \sim L_0$，a 由后排桩两侧滑动土体重量的比例关系确定。

$$a = \frac{2L}{L_0} - \left(\frac{L}{L_0}\right)^2 \quad (6\text{-}30)$$

式中，L 为双排桩外侧排距。

$$L_0 = H \tan(45° - \phi/2) \quad (6\text{-}31)$$

后排桩的被动土压力为

$$E_{pb} = (1-a)\sigma_p \quad (6\text{-}32)$$

前排桩的被动土压力为

$$E_{pf} = (1+a)\sigma_p \quad (6\text{-}33)$$

对于矩形排列方式的双排桩支护结构所受的主动土压力，在基坑开挖后，主动土压力假设为只作用于后排桩，桩间土压力为 $\Delta\sigma_a$。

后排桩的主动土压力为

$$E_{ab} = \sigma_a - \Delta\sigma_a = (1-a)\sigma \quad (6\text{-}34)$$

前排桩的主动土压力为

$$E_{af} = \Delta\sigma_a = a\sigma_a \quad (6\text{-}35)$$

双排桩支护结构的进一步位移和内力的计算可由结构力学相关理论求出。

（四）等效抗弯刚度法

等效抗弯刚度法由熊巨华提出，该法为当前、后排桩距大于8倍桩径时，按锚拉结构计算；当前、后排桩距为4~8倍桩径时，按框架结构计算；当前、后排桩距小于4倍桩径时，按等效抗弯刚度计算。

设前排桩桩径为d_1，桩距为t_1；后排桩桩径为d_2，桩距为t_2，前、后排桩之间的距离为t_3（t_1、t_2、t_3为桩间净距）。根据等效刚度的原则，前、后排桩可分别等效为厚度为h_1、h_2的连续墙。h_1、h_2按下式计算：

$$h_1 = 0.838 \times d_1^3 \sqrt{\frac{d_1}{d_1+t_1}} \quad (6-36)$$

$$h_1 = 0.838 \times d_2^3 \sqrt{\frac{d_2}{d_2+t_2}} \quad (6-37)$$

工程实践中，前、后排桩之间往往设置有水泥土搅拌桩或旋喷桩，既能作止水帷幕，又能在前、后排桩之间进行力的有效传递；再加上桩顶盖梁与桩之间是刚性连接，双排桩支护结构就可等效为由厚度分别为h_1、h_2、h_3的板组成的侧向挡土体系，其中$h_3=t_3$。以1延米为例，其整体抗弯刚度为

$$EI=E_1I_1+E_2I_2+E_3 \cdot \frac{h_3^3}{12} = E_1\left[\frac{(2h_1+h_3)^3-h_3^3}{24}\right]+E_2\left[\frac{(2h_2+h_3)^3-h_3^3}{24}\right]+E_3 \cdot \frac{h_3^3}{12} \quad (6-38)$$

式中，EI为整体抗弯刚度，MN·m²；E_1I_1为前排桩抗弯刚度，MN·m²；E_2I_2为后排桩抗弯刚度，MN·m²；E_1、E_2分别为前、后排桩的弹性模量，MPa；E_3为前、后排桩之间的（搅拌桩、旋喷桩或注浆）加固体的弹性模量，MPa。

如果前、后排桩之间没有进行地基加固，则可以略去最后一项。

三、双排桩支护的土体加固技术

（一）注浆加固技术

常用注浆方法有静压注浆法和高压喷射注浆。静压注浆是利用液压、气压和电化学原理，通过注浆管把浆液均匀地注入地层中，浆液以充填、渗透

和挤密等方式赶走土颗粒间或岩石裂隙中的水分与空气，经过一定时间浆液将原来松散的土粒或裂隙胶结成一个整体，形成一个强度高、稳定性好的结石体。

高压喷射注浆是利用高压喷射的浆液来破坏需加固的土体结构，在各种力作用下使土体与浆液搅拌混合，一定时间后形成固结体。经过注浆加固后的土体，重量轻、渗透系数小且固结强度高，这种工艺已广泛应用于高边坡及深基坑的稳定性治理工程中，其既可以单独使用，也可以充当其他支护结构的补强措施。

（二）搅拌桩加固技术

搅拌桩是指利用特殊的搅拌头或钻头，钻进土体一定深度后喷出固化剂使其沿着钻孔深度与土体强行搅拌并发生复杂的物理化学反应而形成的加固土桩体，固化剂可以是水泥或石灰，也可以是粉体或浆体。经过加固，土体的抗剪强度、无侧限抗压强度及变形模量均增大，增大幅度受龄期、水泥掺入比和土质情况所制约。

搅拌桩在岩土工程中的主要用途有以下几点。

①直接作为高层建筑深基坑开挖或各种地下沟槽开挖的侧向支挡结构；

②用于稳定或加固基坑底部，以防止土体隆起，增加支挡结构的被动土压力和减小变形；

③用于河岸或天然边坡抗滑稳定，并作为止水帷幕；

④配合柱列式钻孔灌注桩或钢板桩等支护结构，分担部分土压力的同时亦作为止水帷幕；

⑤加固锚定板桩墙以减小土锚应力。所以，搅拌桩的应用范围较为广泛，既可挡土又可止水，并且可与其他支护结构联合使用来满足更高的工程要求。根据不同土质条件和边坡支护要求，可以选用不同的加固方式。

除了可以选择不同的布置形式外，还可以采用长短桩结合的布置形式来有效而经济的加固坡体滑动敏感区土体。

第三节　斜插式板桩墙支护技术

一、斜插式板桩墙支护概述

（一）斜插式板桩墙支护的构造形式

斜插式板桩墙基于传统板桩墙的构造，由抗滑桩、直挡板和斜挡板组合而成,斜挡板与水平线形成一定的角度,直挡板与斜插板之间有一定的间距,部分岩层生在两板之间发挥土压力传递的作用,同时也具有抵抗侧向土压力的作用,这种新支挡结构不仅使板桩墙更美观,而且使板桩墙的支挡效果得到进一步提升。

(二)斜插式板桩墙支护技术的优势

斜插式板桩墙与普通板桩墙相比,其主要优点如下。

①挡土板采用桩间斜插式挡土板,板与板间可填种植土绿化边坡,从而有效改善了外部景观。

②桩与板的连接采用在桩内预埋箍筋,桩的护壁不用拆除,既可通过施工工艺来解决护壁的美观问题,又可通过桩间及桩顶种植垂吊植物来对桩进行遮挡,这不仅减少了拆除工程量,还增加了结构的安全度。

③普通板桩墙板后需连续设置砂卵石反滤层,必要时还需设置排水土工网,施工较为烦琐。若施工不到位,则板后排水不畅,还存在一定的安全隐患。斜插式板桩墙挡土板后水能自由排出,不需设置反滤层,既节省投资,又有效避免了板后反滤层施工不到位或遇泄水孔堵塞导致排水不畅引起土压力增大,影响板桩墙结构的安全,从而进一步增加了边坡的支挡结构稳定性。

④通过桩上部3m处采用1∶0.2斜角处理,既美观又节省工程量。桩顶设计花池,花池内的垂吊植物沿桩顶往下可有效绿化桩体,从而使整个板桩墙得到全面绿化。

(三)斜插式板桩墙的连接方式

1. 预制挡板连接方式

预制挡板连接方式,即在抗滑桩浇筑混凝土待强度达到70%时,人工破除预埋钢筋与板的相接部位;将预埋U形或L形连接钢筋,与挡土板固定,在斜插板钢筋裸露出的表面附上钢垫板,再通过帮条锚具与连接钢筋固定。

2. 现浇挡板连接方式

现浇挡板连接方式同样是在桩浇筑完成待强度达到70%后,在护壁砼上人工破除桩与挡板连接部位;再逐单元进行挡板土体开挖和挡板施工,将板桩之间、直板和斜板之间的钢筋绑扎,最后浇筑挡板。

3. "挑耳"抗滑桩连接方式

"挑耳"抗滑桩的连接,即在斜插板的设计位置,先是将抗滑桩设计成两边带与斜插板角度一致的小"挑耳",施工时一次浇筑成型,然后将预制的斜插板安装在抗滑桩之间,土回填后,土压力的存在、绿化土及斜插板本身的自重将斜插板紧紧靠在抗滑桩的"挑耳"上。预制挡土板之间的缝隙还可以泄水和排水。

"挑耳"部分在抗滑桩施工过程中进行施工：护壁开挖时测线定位斜线，将钢筋按斜线逐步安置，并用箍筋绑扎，支模与护壁混凝土一次浇灌。这种方法虽然能够避免钢筋的腐蚀，且较传统的连接形式，更具有耐用的优势，但"挑耳"部分的过程比较琐碎，且"挑耳"需承受板两端的内力，施工工艺存在一定的难度。

二、斜插式板桩墙支护设计计算

（一）简支板式斜插板的计算

假设斜板为刚性板，挡土板与水平而成 α 角，挡板两端支座中心距离为 L，土压力采用均布荷载下的库伦土压力进行计算。挡土板上的作用荷载取最底层挡土板位置上最大土压力为均布荷载。斜插板土压力计算简图，如图6-4所示。

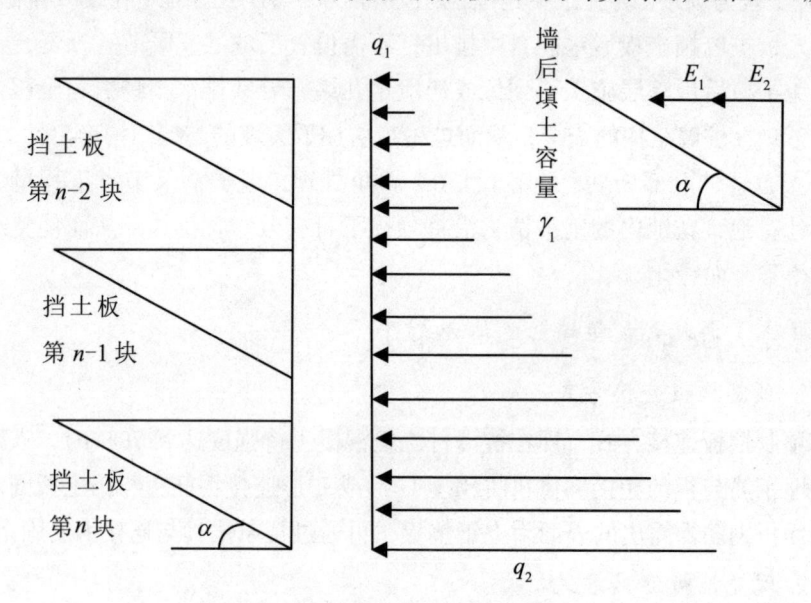

图 6-4　斜插板上压力计算简图

设原墙后填土容重为 γ_1，板后种植土容重 γ_2，均布荷载 q 的计算式为

$$q = (E_1 + E_2)\sin\alpha + G\cos\alpha = \left[\frac{1}{2}\gamma_1 H^2 K_a - \frac{1}{2}\gamma_1(H-h)^2 K_a + \frac{1}{2}\gamma_2 h^2 K_a'\right]\sin\alpha + \frac{1}{2}\gamma_2 h^2 \cos\alpha$$

（6-39）

其中，$E_1=\frac{1}{2}\gamma_1 H^2 K_a$；$E_2=\frac{1}{2}\gamma_2 H^2 K_a'$；$G=\frac{1}{2}\gamma_2 h^2$

式中，E_1 为 r_1 产生的土压力；E_2 为 r_2 产生的土压力；G 为种植土自重；H 为第 n 块挡土板到桩顶的距离；K_a 为桩后土体的主动土压力系数；K_a' 为板后填土的主动土压力系数；h 为板内填土高度；α 为板与水平面的夹角。

挡土板最大弯矩与最大剪力分别出现在板的跨中及两端处，分别为

$$M_{max}=\frac{1}{8}ql^2 \tag{6-40}$$

$$Q_{max}=\frac{1}{2}ql \tag{6-41}$$

（二）固定端斜插板的计算

均布荷载计算式与斜插板为简支板时计算式相同，但最大弯矩 M_{max} 和最大剪力 Q_{max} 分别为

$$M_{max}=\frac{1}{24}ql^2 \tag{6-42}$$

$$Q_{max}=\frac{1}{4}ql \tag{6-43}$$

（三）挡土板的最佳倾斜角计算

以刚性挡土板为例，假设板内种植土与墙后填土均为同一种土，若使 $M_{max}=\frac{1}{8}ql^2$、$Q_{max}=\frac{1}{2}ql$ 或 $M_{max}=\frac{1}{24}ql^2$、$Q_{max}=\frac{1}{4}ql$ 取得最大值，在挡板两端支座中心距离 l 为定值的情况下，需满足 q 取得最大值。

$$\begin{aligned}q&=(E_1+E_2)\sin\alpha+G_2\cos\alpha\\&=\left[\frac{1}{2}\gamma_1 H^2 K_a-\frac{1}{2}\gamma_1(H-h)^2 K_a+\frac{1}{2}\gamma_2 h^2 K_a'\right]\sin\alpha+\frac{1}{2}\gamma_2 h^2\cos\alpha\\&=\sqrt{\left[\frac{1}{2}\gamma_1 H^2 K_a-\frac{1}{2}\gamma_1(H-h)^2 K_a+\frac{1}{2}\gamma_2 h^2 K_a'\right]^2+\left(\frac{1}{2}\gamma_2 h^2\cos\alpha\right)^2}\sin(\alpha+\beta)\end{aligned} \tag{6-44}$$

其中，$\beta=\arctan\dfrac{\gamma_2 h^2}{\gamma_1 H^2 K_a-\gamma_1(H-h)^2 K_a+\gamma_2 h^2 K_a'}$

当 $\alpha+\beta=\dfrac{\pi}{2}$ 时，q 有极大值，因此，

$$\alpha=\dfrac{\pi}{2}-\beta=\dfrac{\pi}{2}-\arctan\dfrac{\gamma_2 h^2}{\gamma_1 H^2 K_a - \gamma_1 (H-h)^2 K_a + \gamma_2 h^2 K_a'}$$

时，挡土板承载力（弯矩和剪力）最大，此角度即为挡土板的最佳倾斜角。

三、斜插式板桩墙支护的绿化设计

（一）斜插式板桩墙支护绿化的作用与原则

1. 斜插式板桩墙支护绿化的作用

①护坡：主要通过植被的力学效应和水文效应来体现，如植物的垂直根系穿过较深的土体起到深根的锚固作用；植草的根系在土中盘根错节起到加筋的作用；植被吸收土体的水分可降低土体的空隙水压力，提高土体的抗剪强度，利于边坡的稳定等。

②改善环境：恢复被破坏的生态环境；降低噪声和光污染，保证行车安全；促进有机污染物的降解，净化空气，调节小气候。

③美观：边坡植被的组合配置，根据不同的地质状况、环境、气候条件，优选乔灌、藤、花、草相结合，有机地融入高速公路、铁路等工程边坡中，显示出立体的绿色画面。

2. 斜插式板桩墙支护绿化的原则

依据植被绿化和工程加固与防护有机结合的原则，建立既稳固又有生态效应的防护结构体系的基本原则，根据工程情况，应使草、灌、花、树等多品种植物相结合，所选植物除考虑景观效果外，必要时还应兼顾其经济效益。具体主要考虑以下几点。

①选择植被时，应考虑边坡所在地的植物类型、植被环境，目的是让板桩墙的绿化与周边环境保持一致协调。

②根据所在地的环境条件合理选择主景。

③工程结构尽量隐蔽，突出植被。

④适应工程所在地的气候条件和生长条件。例如，斜插板内的土体应选择适合易于多种植被生长的土壤。

（二）斜插式板桩墙支护的绿化措施

斜插式板桩墙支挡结构属于高陡边坡和垂直墙的结构形式，与传统的坡面支挡结构不同，常用的植被防护方法主要为桩及桩间墙可采用蔓藤植

物防护和板桩之间的墙面可采用垂直绿化法进行防护，主要绿化内容为墙顶坡面的墙面绿化和斜插板回灌土体的绿化。除此之外，要改变传统的单一植草绿化，以花、草、木多样结合，造就颇有特色而且与周围环境协调的景观效果。

1. 斜插式板桩墙墙面的绿化措施

垂直绿化法是指栽植攀缘性和垂吊性植物，用以遮掩坡面或混凝土表面，达到绿化和美化环境的目的。垂直绿化法一般应用于已修建的构筑物墙面，如挡土墙、板桩式挡土墙、锚定板挡土墙等。因此，斜插式板桩墙墙面的绿化措施主要采用攀缘植被来实现竖向装扮和主景效果。垂直绿化法的关键在于选择合适的攀缘性和垂吊性植物。墙面绿化通常根据墙面或构筑物的高度选择植物种类：高度在 2~4m，可选用藤本月季、扶芳藤、猕猴桃、铁线莲、牵牛、茑萝、菜豆等；高度在 4~5m，可选用葡萄、紫藤、金银花、木香、葫芦、丝瓜、瓜蒌等；高度在5m以上，可选用三叶地锦、五叶地锦、美国凌霄、山葡萄、南蛇藤等。当然，不同攀缘植物由于攀缘能力和方式不同，适用的地点也不同，如攀缘能力较强吸附类植物适于楼房、墙面、假山石等的垂直绿化；缠绕类和卷须类攀缘植物可用于篱垣式，也可应用于建筑物高台等处，从而体现其自然下垂的特点。

攀缘植被在垂直绿化的应用中不仅体现绿化速度快、整体性强，覆盖面广的特性，而且具有很高的生态学价值及观赏价值，可用于降温、减噪，观叶、观花等。除此之外，攀缘植物没有固定的株形，具有很强的空间可塑性，可以营造不同的景观效果，充分利用立地和空间，占地少，对美化人口多、空地少的城市道路环境有重要意义。

2. 斜插式板桩墙桩间的绿化措施

斜插板的结构构造如同开启一扇百叶窗与墙面形成的沟槽，其绿化措施主要为在沟槽土壤里种植低矮花草植物进行横向点缀。例如，适量混种一些植株低矮、花叶细小而适应性强、有自播繁衍能力的草本花卉来装饰点缀，形成花槽。

考虑施工简单、速度快、造价低的优势，国内外普遍采用液压喷播法。液压喷播法是利用液态播种原理，将种子、肥料、土壤改良剂等按一定比例在混合箱内配水搅匀，通过机械加压后喷射到边坡坡面的护坡技术。倘若墙后土体不具备某植被生长所必需的土壤环境，则无法直接进行种子喷播，从而造成根系环境恶劣，无法营造植物正常生长环境。那么，需采用特殊方法进行处理，如土壤的改良或者回填人造土等。

(三)斜插式板桩墙的绿化植物选择

1. 攀缘植物

攀缘植物是垂直绿化的基础材料,它们具有吸附、缠绕、卷须或钩刺等攀缘特性,能够攀附在其他植物或物体上生长,从而形成独特景观。它们在山坡、堡坎、墙面、屋顶、篱垣、棚架、柱状体、林下绿化及室内装饰等方面具有独特的美化作用。我国攀缘植物物种繁多,且其种类南北差异不大,按攀缘习性可分为以下几类。

①缠绕类:缠绕类植物依靠自身缠绕支持物而攀缘。常见的有紫藤属、木通属、忍冬属、牵牛属、莺萝属等。缠绕类植物的攀缘能力都很强。

②卷须类:卷须类植物依靠卷须攀缘。其中大多数种类具有茎卷须,如葡萄属、葫芦科、羊蹄甲属的种类。有的为叶卷须,如炮仗藤和香豌豆的部分小叶变为卷须,而百合科的嘉兰和鞭藤科的鞭藤则由叶片先端延长成一细长卷须,用以攀缘他物。尽管卷须的类别、形式多样,但这类植物的攀缘能力都较强。

③吸附类:吸附类植物依靠吸附作用而攀缘,这类植物具有气生根或吸盘,均可吸附于他物之上。爬山虎属的卷须先端特化成吸盘;常春藤属、络石属、凌霄属、榕属的许多种类则具有气生根。此类植物大多攀缘能力强,尤其适于墙面和岩石的绿化。

④蔓生类:此类植物为蔓生悬垂植物,无特殊的攀缘器官,仅靠细柔而蔓生的枝条攀缘,有的植物枝条具有倒钩刺,在攀缘中起到了一定的作用,个别种类的枝条先端偶尔缠绕。其主要有蔷薇属、叶子花属种类等,相对而言,此类植物的攀缘能力最弱。

2. 草本花卉植物

具有草质茎的花卉,叫作草本花卉。草本花卉的茎、木质部不发达,支持力较弱,称为草质茎。草本花卉中,按其生育期长短不同,可分为以下几种。

①一年生草本花卉:生活期在一年以内,当年播种,当年开花、结果,当年死亡。例如,一串红、刺茄、半支莲(细叶马齿苋)等。

②二年生草本花卉:生活期跨越两个年份,一般是在秋季播种,到第二年春夏开花、结果直至死亡。例如,金鱼草、金盏花、三色堇等。

③多年生草本花卉:生长期在两年以上,它们的共同特征是都有永久性的地下部分(地下根、地下茎),常年不死。但它们的地上部分(茎、叶)却存在着两种类型:有的地上部分能保持终年常绿,如文竹、四季海棠、虎皮掌等;有的地上部分是每年春季从地下根际萌生新芽,长成植株,到冬季枯死,如芍药、美人蕉、大丽花、鸢尾、玉簪、晚香玉等。多年生草本花卉,

由于它们的地下部分始终保持着生命力,因此其又被称为宿根类花卉。

对于支挡结构来说,考虑美观性、经济性,便于人工护理,应选择多年生草本花卉,如混合种植野生花卉。

3. 乔灌木植物

墙面添植是墙面绿化的一种新形式,近年来在建筑墙面绿化中多有采用。用于墙面添植的植物也很多,凡具有观赏性的乔、灌木都可以根据其生态习性作为墙面添植植物。常用的主要有:西府海棠、紫荆、紫薇、罗汉松、罗汉竹木、石榴、火棘、香榧、银杏、枫香、蜡梅、红花油茶、蚊母、平枝栒子、卫茅、垂丝海棠、日本木瓜海棠、鸡爪槭、榆叶梅、肉花卫茅、厚皮香、老鸦柿、瓶兰、山茱萸、杨梅、桂花、木绣球、锦带花、春鹃、绣球荚迷、含笑、日本珊瑚、乐昌含笑、慈孝竹等。

第七章　锚固支护技术

锚固支护技术是一种将锚杆埋入地层进行预压应力的支护技术，主要应用于高边坡支护，其具有高效、稳定的特点，能够节省大量的时间和经济成本，但是其工艺也较为复杂。锚固支护的设计主要是指锚杆的设计，锚杆设计需要考虑的内容主要有相邻结构物、倾角、间距、长度等。下面主要对预应力锚固支护设计和锚定板挡墙支护设计进行研究。

第一节　锚固支护技术概述

一、锚固支护的技术原理

岩层和土体的锚固是一种把锚杆埋入地层进行预加应力的技术。锚杆插入预先钻凿的孔眼并固定于底端，固定后，通常对其施加预应力。锚杆外露于地面的一端用锚头固定。一种情况是锚头直接附着在结构上，以满足结构的稳定性；另一种情况是通过梁板、格构或其他部件将锚头施加的应力传递于更为宽广的岩土体表面。岩土锚固的基本原理就是依靠锚杆地层的抗剪强度来传递结构物的拉力或保持地层开挖面自身的稳定。岩土锚固的主要功能如下。

①提供作用于结构物上以承受外荷的抗力，其方向朝着锚杆与岩土体相接触的点；

②使被锚固地层产生压应力，或对被通过的地层起加筋作用（非预应力锚杆）；

③加固并增加地层强度，也相应地改善了地层的其他力学性能；

④当锚杆通过锚固结构时，能使结构本身产生预应力；

⑤通过锚杆，使结构与岩石连锁在一起，形成一种共同工作的复合结构，使岩石能更有效地承受拉力和剪力。

锚杆的这些功能是互相补充的。对某一特定的工程而言，也并非每一个功能都发挥作用。若采用非预应力锚杆，则在岩土体中主要起简单的加筋作用，而且只有当岩土体表层松动变位时，才会发挥其作用。这种锚固方式的效果远不及预应力锚杆。

效果最好与应用最广的锚固技术是通过锚固力能使结构与岩层连锁在一起的方法。根据静力分析，可以很容易地选择锚固力的大小、方向及其荷载中心。由这些力组成的整个力系作用在结构上，从而能最经济最有效地保持结构的稳定。采用这种应用方式的锚固支护技术能使结构抵抗转动倾倒、沿底脚的切向位移、沿下卧层临界面上的剪切破坏及由上举力所产生的竖向位移。

二、锚固支护技术的应用

（一）锚固支护技术的应用范围

在考虑经济要求、工期要求具有合理性的前提下，对边坡整治采用锚固技术，其主要适用于以下情况。

①岩质挖方边坡，坡面局部破碎，风化严重，边坡稳定直接受风化影响的高陡边坡；

②岩土互层挖方边坡，且岩层相对较薄，易风化的边坡地段的高陡边坡；

③其他高陡边坡的整治；

④低矮边坡但易于出现滑坡及坍塌现象；

⑤不能采用植物、种树防护，而采用喷浆防护不能有效地防止山体岩层破裂，会出现整体滑移的边坡整治中；

⑥高填方边坡附近有重要建筑物，为保证填方边坡稳定，也采用锚固技术。

（二）锚固支护技术应用取得的成果

我国在锚固支护技术领域中已经取得的成就主要表现在以下几个方面。

①锚固支护技术应用范围日趋广泛，在岩土边坡工程中，尤其是对高陡边坡治理中，锚固支护技术已经取得了非常好的效果。

②锚固支护新结构、新工艺不断涌现，目前世界上锚杆（索）的种类已经有60多种，针对不同的地质条件和工程需要可以采用不同类型的锚杆（索），预应力锚杆（索）近几年已经取得了极大的发展，其承载力也大幅度提高。

③对新型的锚固机具进行了不断的改进和完善，尤其是在多功能的钻机、锚杆（索）安装机具、适用于不同地质条件的钻头及预应力锚杆（索）的张拉装置等方面。

④加强了对锚杆（索）新材料的研发；在锚杆（索）黏结材料方面，早强水泥药卷锚杆得到了广泛的应用；为减小预应力损失对工程造成影响，采

用高强度、低松弛的预应力钢绞线或钢筋；防止在钻孔过程中出现塌孔，加强了对自钻式锚杆的研究。

三、锚固支护技术的优势与不足

（一）锚固支护技术的优势

采用锚固支护技术使边坡岩土体形成一个复合整体，从而增加边坡的稳定性，并改善和提高滑动面的抗滑性能。即使在不利的自然条件下，其也能有效保证行车安全，较之其他防护工程技术具有高效、稳定的特点，且整治完工后，不需花大量的人力、物力来养护维修，耐久性方面也能有效保证。

在对高陡边坡的整治中，锚固支护技术的优点更能有效地体现。在经济性能和有效缩短工期中，其有不可替代的作用，利用预应力锚索加固高陡边坡时，与其他方案相比较，可降低造价20%~30%，缩短工期50%，给公路建设带来了巨大的经济效益。

（二）锚固支护技术的不足

①采用岩土锚固支护技术整治高陡边坡的过程中，需要高度的安全保障措施，一旦在施工过程中出现失误，则易于造成人员伤亡。

②虽然利用锚固支护技术对生态环境保护具有积极的作用效果，但在道路修建过程中，具有道路视觉上舒适感方面不足的影响，锚固工程所采用的材料色彩单一，给人单调枯燥之感。

③其在工程应用中，所需工程成本较大，所用的设备较多，并且要求具有较高的团结协作精神。因为在施工中隐蔽工程较多，质量控制和检查具有较高难度，所以稍有不慎就会造成工程质量事故的发生。

④其工程施工中工艺较为复杂，特别是采用预应力锚索加固时，在高陡边坡的整治过程中，工程施工难度较大。

四、锚固支护技术的未来发展

锚固支护技术在目前的边坡支护中已经得到了大量的应用，且获得了良好的成果。伴随着岩土工程的发展，锚固支护技术将会具有更广泛的发展空间，为了满足这种发展的需要，锚固支护技术的发展方向主要体现在以下几个方面。

（一）加强对锚杆（索）新品种、新工艺的研发

随着技术的进步，为满足工程实践的要求，发展适宜的锚杆（索）

类型显得尤为迫切。例如，为扩大土体层锚杆的使用范围，要求不断完善二次高压注浆锚杆与端头扩大型锚杆等；在岩石锚杆方面，要增加对早强黏结型锚杆与自钻式锚杆的研究；加强对承载力高的预应力长锚索结构形式的研究；开发新的土锚技术使其更好地维护边坡的稳定；加强对高强度与超高强度锚杆（索）的研究；使锚杆（索）的生产能够工厂化和标准化。

（二）研发配套的锚固钻具，使其逐步国产化

为使各种锚杆(索)钻机更加完善,使其能够达到方便、快捷、耐久的目的,应加强对全液压、多功能、全方位钻孔机具和扩孔机械的研发；研发成套的施工设备使其在整个锚固施工的过程中快速便捷；对于高陡边坡要加强对轻型、高效钻孔机具的研发。

（三）加强对施工质量的控制和对其安全性的检测

施工质量好坏直接关系到锚固工程质量的安全问题，因此提高施工质量控制和安全性监测显得尤为重要。所以要增加对全长黏结式锚（索）灌浆密度的检测，研究一些方便、高效、精度高的锚杆（索）长期性能检测设备加强对工作性能的监测；基于目前网络信息时代的发展，应加强对实时监测型与网络传输型测试技术的开发研究。

（四）预应力锚杆（索）预应力损失的控制与改进防腐技术的研究

预应力损失一直是困扰预应力锚固支护技术发展的因素之一，加强对预应力损失的控制可以更好地保证锚固工程的安全。对于长期工作条件下的锚杆（索）要加强对其力学稳定性和化学稳定性的控制；加强对预应力锚杆（索）锚固稳定性影响因素的研究；进一步改善锚杆（索）现有的防腐技术，制定出适合我国工程实践需要的防腐标准。

（五）加强对锚固工程力学性能及破坏机制的研究

根据半经验、半理论的设计原则，来研究锚固工程的实用设计计算方法；加强锚杆（索）对岩土介质中应力重分布及剪切传递作用机理的研究；锚杆（索）种类繁多，要仔细分析各种不同锚杆（索）的锚固体内应力传递规律；加强在不良地质条件下，如地震、冲击、交变等动荷载条件下的锚固结构力学性能及破坏机制的研究；加强对锚杆（索）与其他支挡结构联合加固锚固工程工作作用机理的研究等。

五、锚固支护技术设计的主要内容

（一）锚杆设计

1. 锚杆设计的基本原则

①锚杆设计时应根据计划与调查结果，充分考虑与其使用目的相适应的安全性、经济性与可操作性，并使其对周围构筑物、埋设物等不产生有害的影响。

②锚杆设计时应确保被锚固的结构物或构筑物受施工荷载及竣工后荷载作用时有一定安全度，并不产生有害变形。

③锚杆设计时，除与本工程条件相似并有成熟的试验资料及工程经验可以借用以外，一切均应进行锚杆的基本试验。

④在特殊条件下，为特殊目的而使用的锚杆，如水中应用的锚杆、可除芯式锚杆及承受疲劳荷载的锚杆，必须在充分调查研究并获得试验结果的基础上进行设计。

2. 相邻结构物的影响

锚杆的配置，还应考虑其对相邻结构物的影响。设计锚杆时，如发现邻近有建筑物及地下埋设物时，则需对锚杆的安设位置及锚杆的安设倾角进行充分研究。国际预应力混凝土协会（FIP）的锚杆规范规定，锚杆与相邻基础及地下构筑物的水平距离要在3.0m以上。

3. 锚杆倾角的设计

锚杆的作用力方向与锚杆轴线一致是最有利的，但往往不一定能做到一致。对基坑工程而言，随着锚杆轴线与水平面夹角的增大，会产生较大的垂直分力，这样势必会减小所需的水平支承力，因此按锚杆倾角小于等于45°来设计。

此外锚杆倾角在 -10° ~ +10° 时，灌浆材料硬化时产生的残余浆渣及灌浆料的泛浆会影响锚杆承载力，因此应予以避开。

4. 锚固体间距设计

锚杆锚固体的间距设置取决于锚固力设计值、锚固体直径、锚固长度等许多因素。因此必须注意的是锚杆的极限抗拔力会因群锚效应而减小。

5. 锚杆长度设计

（1）自由段长度

关于锚杆的自由（张拉）段长度，锚杆自由段长度不宜小于5.0m，对于倾斜锚杆，其自由段长度应超过破裂面1.0m。若锚杆的自由段长度过短，则会使锚固体的应力直接通过很薄的地层作用于被锚固的地层，从而作用于被锚固的结构物上，而且因为地层抗剪力小、垫墩荷载损失等，会使锚杆的抗拔力减小。同时锚杆自由段长度的确定还必须使锚杆锚固于比破坏面更深的稳定的地层上，以保证锚杆和被锚固结构的整体稳定性。

（2）锚固段长度

预应力锚杆采用黏结型锚固体时，锚固段长度可按下列公式计算，并取其中的较大值：

$$L_\alpha = \frac{KN_t}{\pi D q_r}$$

$$L_\alpha = \frac{KN_t}{n\pi d \xi q_s}$$

式中，L_α 为锚固段长度，mm；N_t 为锚杆轴向拉力设计值，kN；K 为安全系数，取值见表7-1；D 为锚固体直径，mm；d 为单根钢筋或钢绞线直径，mm；n 为钢绞线或钢筋根数；q_r 为水泥结石体与岩石孔壁间的黏结强度设计值，MPa；q_s 为水泥结石体与钢绞线或钢筋间的黏结强度设计值，MPa；ξ 为采用2根或2根以上钢绞线或钢筋时，界面黏结强度降低系数，取值为 0.60 ~ 0.85。

表7-1 岩石预应力锚杆锚固体设计的安全系数

锚杆破坏后危害程度	最小安全系数	
	锚杆服务年限≤2年	锚杆服务年限＞2年
危害轻微，不会构成公共安全问题	1.4	1.8
危害较大，但公共安全无问题	1.6	2.0
危害大，会出现公共安全问题	1.8	2.2

（二）防腐设计

在边坡锚固支护技术中，我们所采用的锚固支护材料大都是钢绞线或者钢锚杆，众所周知，钢绞线或者钢锚杆及金属锚具在不同的自然环境中和应力作用下会出现不同程度的锈蚀，而且大部分的锚杆（索）是埋于地下的，属于隐蔽工程。一旦发生腐蚀，钢材表面腐蚀导致的腐蚀坑会使其产生一些微裂缝，随着腐蚀的不断发展，裂缝会继续扩展，进而使钢材的强度远低于极限强度从而导致产生脆性破坏，这一破坏过程可能在极短的时间内发生，而且毫无预兆，破坏带来的后果非常严重。

为保证锚杆（索）在使用年限内不被腐蚀和破坏，从而保证工程的安全性，加强对锚杆（索）的防腐或者探索新的材料显得尤为重要，目前我国锚杆（索）在防腐问题上主要采用的方法包括碱性环境保护、物理防护和电力防护等，所采用的工艺主要包括：

①在钻孔之后对锚孔周围的岩体采用固结灌浆的施工工艺，使用水泥浆或者水泥砂浆来堵塞锚孔周围岩体的裂隙，防止锚孔周围的地下水通过裂隙渗入锚孔中，对锚杆（索）产生破坏。

②采用胶结式的锚固方法，利用水泥浆或者水泥砂浆进行锚固。

③锚杆（索）的力学性能必须满足要求，对于无黏结式钢绞线防腐采用的油脂化学性质必须稳定。

④为了防止锚杆（索）出现破坏失效，必须要注意选择合适的锚杆（索）结构形式，防止锚固浆体因为应力集中产生破坏，使含有有害物质的地下水渗入对其造成腐蚀。

⑤在锚杆（索）的杆体表面涂抹环氧树脂，因为环氧树脂涂层具有较强耐化学腐蚀的性能而且环氧树脂涂层具有不渗透性。

第二节　预应力锚固支护设计

一、预应力锚固支护技术概述

（一）预应力锚固支护技术原理

预应力锚固技术是通过张拉，将高强度钢材、钢丝、钢绞线变成长期处于高应力状态下的受拉结构，从而增强被加固岩体的强度，改善岩体的应力状态，提高岩体的稳定性。因为该技术具有先进性、可靠性等优点，所以在边坡加固工程中得到了较广泛的应用。

预应力锚索加固作用机理比较复杂，其主要原因是锚索与岩体存在多种相互作用，特别是边坡产生位移后，锚索会产生拉伸、剪切、弯曲等变形。而锚索加固体会产生四种破坏形式：岩体变形破坏、岩体与注浆体黏结破坏、注浆体与锚索黏结破坏、锚索材料破坏。试验研究及实践证明，锚索加固的最主要破坏模式是锚索与注浆体之间的黏结破坏。因此，探讨锚索锚固原理，研究的重点是锚索与注浆体之间的黏结强度，研究最主要的手段是拉拔试验。据巴罗瓦和斯蒂尔伯格等研究表明，锚索受拉时锚索与注浆体之间的锚固作用机理有三种：①锚索表面与注浆体之间的化学黏结作用；②锚索表面与注浆体之间的物理摩擦作用；③锚索与注浆体材料之间的结合阻力，即锚索受拉的扩张阻力。目前工程界普遍认为占主导作用的是扩张阻力。

　　锚索受拉时，因为锚索的扩张，会使与锚索紧密接触的注浆体表面产生一个径向位移 U，这个径向位移 U 会引起锚索表面产生径向压力 P，径向压力 P 与位移 U 的关系为岩石和注浆材料的刚度、注浆材料的强度、锚索与钻孔的几何形状的函数。锚索加固的摩擦阻力，即锚索的黏结强度 T 与锚索注浆材料之间的摩擦系数及锚索周围的径向压力 P 成正比。

$$T = P \cdot \tan(Q+i)$$

式中，Q 为锚索与注浆材料之间的摩擦角；i 为锚索的扩张角。

　　上述分析可以得出，影响锚索黏结强度的主要因素有岩体本身性质、注浆材料的刚度及强度、锚索的围压等。相关研究表明：

　　①水灰比对锚索黏结强度具有重要影响。随着注浆水灰比的降低，锚索的黏结强度会大大增加，对于刚度较大的岩体，这种趋势更加明显。实际工程中，水灰比应控制在 0.3~0.5，而最佳的水灰比是 0.35~0.4。采用 0.4 以下的水灰比其性能要大大优于 0.5 及以上的水灰比的砂浆。

　　②围岩应力对锚索的黏结强度具有重要影响。锚索注浆孔周围岩体应力的减小会大大降低锚索的黏结强度。对于刚度较大的岩石，这种趋势更为明显。加拿大相关机构曾用三维弹性边界元程序计算地下采场中上盘非张紧锚索的黏结结果。结果表明，在靠近采场底部的临空面，因为应力减小，致使锚索的黏结强度只达到设计强度的 50%。

　　③黏结长度、表面性状对黏结强度也有影响。锚索黏结长度的增加，会使锚索黏结强度得到增加，但锚索黏结强度并不与锚固长度成正比。锚索表面生锈，表面粗糙度增大，具有凹凸不平表面的锚索会提高其黏结强度，但锚孔直径对锚索的黏结强度没有直接的影响。

（二）预应力锚固支护的锚杆选择

　　目前我国建筑行业普遍运用的预应力锚索（杆）种类较多，根据适用条件，锚杆种类的选择见表 7-2。

表 7-2 锚杆的不同种类及适用范围

种类	组成	适用范围
灌浆型预应力锚索（杆）	由杆体、锚固段、自由段及锚头组成	适用于要求锚杆承载力高、变形量小及需锚固于地层较深处的工程
机械型预应力锚索（杆）	由杆体、机械式锚固件、自由段及锚头组成	适用于地层开挖后必须立即提供初始预应力的工程或抢险加固工程
荷载分散型锚索（杆）	分为拉力分散型和压力分散型锚杆	拉力分散型适用于承载力要求较高的软岩和土体工程；压力分散型适用于承载力要求较高或防腐等级要求较高的软岩和土体工程
全长黏结型锚索（杆）	全长黏结的杆体、垫板及紧固件组成	适用于允许地层有适量变形的工程
树脂卷与快硬水泥卷锚索（杆）	由不饱和树脂卷锚固剂和快硬水泥锚固剂、钢质杆体、垫板、螺母组成	适用于允许地层有适量变形的工程
普通中空注浆锚索（杆）	由中空锚杆体、止浆塞、垫板和螺母组成	适用于中长锚杆支护或地下工程顶部的锚固工程
摩擦型锚索（杆）	分为缝管锚杆和水胀式锚杆等类型	适用于软弱破碎或塑性流变岩层，且设计使用年限小于10年的地下工程支护或初期支护

总之，各种类型锚索（杆）均有其适用条件，其中灌浆型预应力锚索（杆）由于具有施工条件便利，操作简单，加固效果明显等特点，因此被广泛地运用于边坡支护工程中。

二、框架预应力锚杆支护设计

（一）框架预应力锚杆支护概述

框架预应力锚杆边坡支护结构由钢筋混凝土框架、挡土板、小吨位预应力锚杆、锚下承载结构、坡面排水系统和墙后土体组成，属于轻型柔性支护结构。在框架预应力锚杆边坡支护结构中，锚杆的作用从根本上改善了土体的力学性能和受力状态，变传统支护结构的被动挡护为充分利用土体本身自稳能力的主动挡护，有效地控制了土体位移，随边坡向外破坏力的增大，锚杆支护力随之增大，直至超出极限平衡而破坏，支护力随锚杆被拔出而逐步减弱，形成柔性支护结构。框架预应力锚杆支护结构在深基坑开挖支护、边坡、桥台加固等工程实践中得到了广泛的应用。

（二）框架预应力锚杆支护技术的优势

预应力框架锚杆柔性支护结构与传统的桩锚支护结构或锚杆肋梁支护结构相比，有以下优势。

①改变了支护结构受力原理。传统的桩锚或锚杆肋梁支护结构是被动受力结构，只有当基坑或边坡发生位移后，土压力作用在支护结构上，才能起到支护或加固的作用。而框架预应力锚杆柔性支护结构是主动受力结构，施加的预应力提高了边坡的稳定性。另外，框架预应力锚杆柔性支护结构具有良好的空间协同工作能，当其中的某一根锚杆由于外界因素作用失效以后，其所承担的作用力会分散到相邻锚杆上，这样不至于整个支护结构立即失去支护效果，这一点尤其适合于西北湿陷性黄土地区。

②克服了传统边坡支护结构的支护高度受限制、造价高、工程量大、稳定性差等缺点，同时在施工过程中对边坡的扰动较小，而且可以有效地控制基坑或边坡的侧移。锚杆上施加的预应力可以使框架产生土体方向的位移，对严格控制基坑或高边坡的变形十分有效。

③可以减小框架梁的内力。在适当的部位施加适当的预应力，可以减小框架梁的内力，节省原材料，降低造价。

④在公路和铁路边坡采用该支护结构施工完毕以后还可以结合一定的绿化措施，符合公路、铁路边坡的生态支护理念。

（三）框架预应力锚杆支护设计的内容

1. 挡土板设计

一般情况下，挡土板的长边与短边之比小于2。因此，挡土板上的荷载将沿两个方向传到四边的支承上，应进行两个方向的内力计算，即挡土板按双向板结构计算。但是，框架预应力锚杆支护结构的梁柱区格划分相对楼盖较小，根据以往的理论分析和工程经验可知挡土板受力一般较小，因此按照构造要求确定板的厚度及配筋即可满足设计要求。

2. 立柱和横梁设计

（1）立柱设计

根据工程实践和初步的理论研究，可以认为每根立柱所承受的荷载为相邻两跨锚杆水平间距 s 的各 0.375 的土压力。由于对锚杆施加了预应力，其基本可以保证在锚杆位置处支挡结构的位移为0，因此可以假定立柱与锚杆的连接处为一定向铰支座，从而把立柱视为支承在锚杆和地基上的多跨连续梁，作用在 $0.25H$ 以上的荷载为三角形分布荷载，$0.25H$ 以下的荷载为矩形分布荷载。

（2）横梁设计

横梁可以看作以立柱为铰支座的多跨连续梁，由于用框架预应力锚杆支挡结构支挡的边坡宽度一般来讲都比较大，因此此处将横梁的计算模型简化为等跨的五跨连续梁进行计算,中间各跨的内力和配筋都按第三跨来考虑。其荷载有两种情况:一是第一排锚杆位置处的横梁承受有梯形荷载,也有矩形荷载;二是其余横梁均承受矩形均布荷载。对于第一种情况,在计算时可以取两者的平均值,也可以就取矩形均布荷载的值,这样设计偏于安全。

横梁的计算步骤如下。

①荷载计算。

②计算各跨跨中、支座截面的弯矩和支座截面的剪力,均布荷载作用下等跨连续梁弯矩 M 和剪力 V 可按下式计算:

$$M=\alpha g_2 l_0^2$$

$$V=\beta g_2 l_n$$

式中,α、β 为弯矩和剪力系数;g_2 为作用在横梁上的均布土压力荷载;l_0、l_n 分别为计算跨度和净跨。

③按正截面受弯构件承载力计算选配钢筋,配筋应符合 $\xi \leqslant 0.35$ 的要求。

④按斜截面抗剪计算箍筋并满足构造要求。

3. 锚杆设计

(1) 锚杆布置

①锚杆层数。一般在基坑施工中,须先挖到锚杆施工标高,然后进行锚杆施工,待锚杆预应力张拉后,方可挖下一层土。因此,多一层锚杆,就会增加一次施工循环。在可能情况下,以少设锚杆层数为好。

②锚杆间距。锚杆间距大,易增大锚杆承载力;锚杆间距过小,易产生群锚效应。所以锚杆间距的选取不仅要满足规范规定的构造要求,还要结合施工现场的情况来确定。

③倾角。倾角是锚杆与水平线的夹角,它是框架预应力锚杆支挡结构的一个重要参数,正确选取这一参数对支挡结构的受力状况、锚杆长短和施工难易等都有重要影响。锚杆倾角不仅与施工机械性能有关,而且与地层土质有关。一般来说倾角大时,锚杆可以进入较好的土层,但垂直分力大,对支挡桩及腰梁受力大,可能造成挡土结构与周围地基的沉降。因此一般采用的倾角为 15°~35°。

(2) 锚杆计算

①轴向拉力。

锚杆所承受的拉力为立柱和横梁在锚杆作用位置处的水平支座反力的合力所传来的支反力,即

$$T_j = \frac{R_j}{\cos \alpha_j}$$

式中，T_j 为第 j 排锚杆所承受的轴向拉力，kN；R_j 为立柱和横梁在第 j 排锚杆作用位置处水平支座反力的合力；α_j 为第 j 排锚杆与水平面的倾角。

②长度。

土层锚杆长度由自由段（即非锚固段）和锚固段组成。非锚固段不提供抗拔力，其长度 L_f 应根据边坡滑裂面的实际距离确定，对于倾斜锚杆，自由段长度应超过破裂面 1.0m 以上。有效锚固段提供锚固力，其长度 L_e 应按锚杆承载力的要求，根据锚固段地层和锚杆类型确定，除了满足稳定性的要求外，其最小长度不宜小于 4.0m，但也不宜大于 10.0m，锚杆长度计算简图如图 7-1 所示。

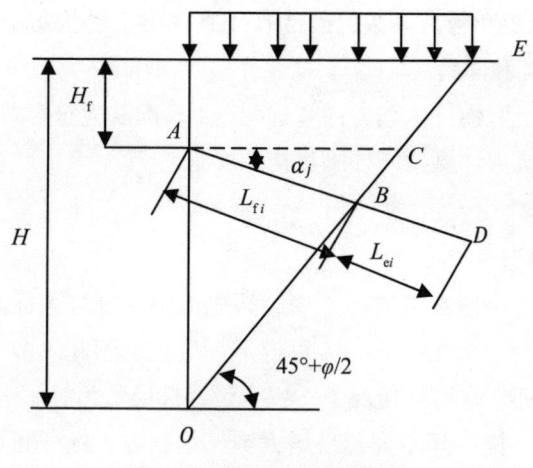

图 7-1 锚杆长度计算简图

锚固段长度为

$$L_{ej} = \frac{T_j \cdot K}{\cos \alpha_j \pi D \tau}$$

式中，L_{ej} 为第 j 根锚杆锚固段长度；T_j 为支挡结构传递给第 j 根锚杆的水平力，即横梁和立柱支座反力之和；α_j 为第 j 根锚杆的倾角；D 为锚杆锚固体直径；τ 为锚固体周围土体的抗剪强度；K 为安全分项系数，一般为 $K=1.4 \sim 2.2$。

自由段长度计算如下。

图 7-1 中 $\overline{OE}$ 为破裂面，AB 为自由段，其长度为 L_f，推导得

$$\overline{AB} = \frac{\overline{AB} \sin(45° + \varphi/2)}{\sin(135° - \varphi/2 - \alpha_j)} = \frac{\overline{AB} \tan(45° - \varphi/2) \sin(45° + \varphi/2)}{\sin(135° - \varphi/2 - \alpha_j)}$$

再考虑到基础埋深，得自由段长度为

$$L_{fj}=\frac{(H+H_d-H_j)\tan(45°-\varphi/2)\sin(45°+\varphi/2)}{\sin\left[(135°-\varphi)/(2-\alpha_j)\right]}$$

式中，L_{fj} 为第 j 根锚杆自由段长度；H 为挡墙高度；H_d 为基础埋置深度；H_j 为第 j 根锚杆离挡墙顶部的距离；φ 为内摩擦角。

土层锚杆总长度的计算：

$$L_{mj}=L_{ej}+L_{fj}$$

式中，L_{mj} 为第 j 排锚杆（索）总长度；L_{ej} 为第 j 段锚固段长度；L_{fj} 为第 j 段自由段长度，应取超过滑裂面 0.5～1.0m 的长度。

直径的长度为

$$d_j=\sqrt{\frac{4KT_j}{\pi f_y}}$$

式中，d_j 为第 j 排锚杆的直径，mm；f_y 为锚杆钢筋的抗拉强度设计值，kPa。

③锚杆截面积。

锚杆截面设计主要是确定锚杆的截面面积。作用于墙身上的土侧压力由锚杆承受，锚杆为轴心受拉构件。

a. 钢筋

按容许应力法设计时，当求得锚杆拉力的水平分力 T 后。锚杆的有效截面积为

$$A_{sj}=\frac{T_j\cdot K}{f_y\cos\alpha_j}$$

式中，A_{sj} 为第 j 根钢筋的截面积，mm^2；f_y 为普通钢筋抗拉设计强度，kPa；K 为考虑超载和工作条件的安全分项系数。

锚杆钢筋直径除满足强度要求外，尚需增加么 2mm 防锈安全储备。

b. 钢绞线

$$n_j=\frac{T_j\cdot K}{\cos\alpha_j\cdot A_{sj}\cdot f_y}$$

式中，n_j 为第 j 根钢绞线的束数；A_{sj} 为每束钢绞线的截面积，mm^2。

4. 基础埋深设计

框架预应力锚杆柔性支护结构属于多支点支护结构，计算其基础埋深的方法有二分之一分割法、分段等值梁法、静力平衡法和布鲁姆（Blum）法。其中，二分之一分割法是将各道支撑之间的距离等分，假定每道支撑承担相邻两个半

跨的侧压力，这种办法缺乏精确性；分段等值梁法考虑了多支撑支护结构的内力与变形随开挖过程而变化的情况，计算结果与实际情况吻合较好，但是计算过程复杂；布鲁姆法是将支护结构嵌入部分的被动土压力以一个集中力代替。这三种方法在计算过程中都需要求解锚杆支点反力，而锚杆支点反力已在前面求出，此处采用静力平衡法，即设定一个埋置深度 H_d，如图 7-2 所示，求出相应的被动土压力，以嵌入部分自由端的转动为求解条件，即可求得 H_d。

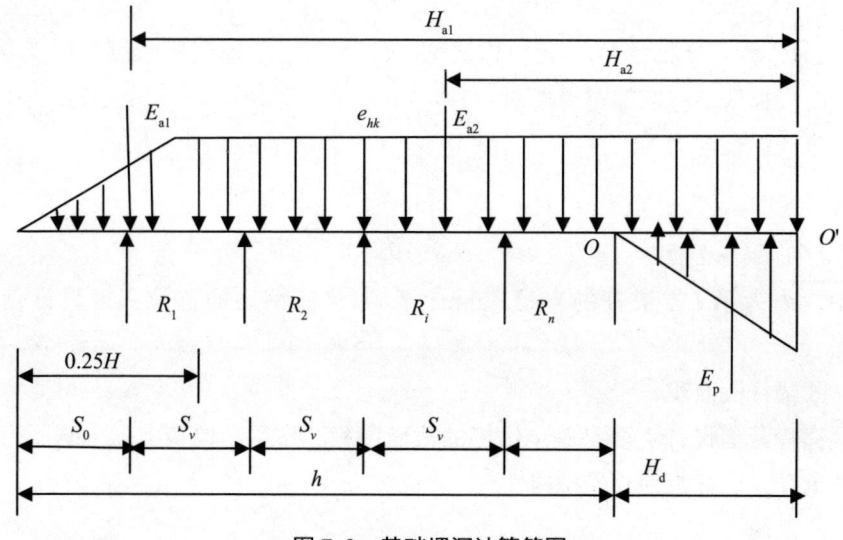

图 7-2 基础埋深计算简图

由 $\sum M_0 \geqslant 0$，经整理化简可得

$$\sum_{j=1}^{n} R_j [H - s_0 - (j-1)s_v + H_d] + \frac{1}{3} E_p H_d - 1.2\gamma_0 \sum_{i=1}^{2} (E_{ai} H_{ai})$$

式中，E_p 为嵌入部分被动土压力；γ_0 为支护结构的重要性系数；E_{a1} 为主动土压力三角形荷载的合力；H_{a1} 为主动土压力三角形荷载的合力作用点至嵌入底端的距离；E_{a2} 为主动土压力矩形荷载的合力；H_{a2} 为主动土压力矩形荷载的合力作用点至嵌入底端的距离。

第三节 锚定板挡土墙支护设计

一、锚定板挡土墙概述

（一）锚定板挡土墙的基本构造

锚定板挡土墙是由钢筋混凝土墙面、钢拉杆、锚定板及其间的填土共同形成的一种组合挡土结构，它借助于埋在填土内的锚定板的抗拔力，平衡挡土墙墙背水平土压力，从而改变挡土墙的受力状态，达到轻型的目的。它具有省料省工、能适应承载力较低地区的特点，在我国铁路工程与公路工程中，已开始应用于路肩或路堤挡土墙和桥台。

锚定板挡土墙的结构形式和受力状态与锚杆挡土墙基本相同，都是依靠钢拉杆的抗拔力来保持墙身的稳定。它们的主要区别是：锚杆挡土墙的锚杆是插入稳定地层的钻孔中，抗拔力来源于灌浆锚杆与孔壁之间的黏结强度，而锚定板挡土墙的钢拉杆及其端部的锚定板都埋设在人工填土当中，抗拔力主要来源于锚定板前的填土的被动抗力。

锚定板挡土墙的墙面是由挡土板和立柱组成的。挡土板通常为钢筋混凝土矩形板或槽形板，有时也可为混凝土拱板。立柱为钢筋混凝土矩形截面柱。当墙面采用拱板时，立柱应具有六边形截面。立柱长度可依据施工吊装能力决定。在墙高范围内，立柱可设一级或多级。当采用多级立柱时，相邻立柱间可以顺接，也可以错台。立柱间距多采用1~2m。根据立柱的长度和土压力的大小，每根立柱上可布置单根、双根或多根拉杆。为了施工安装的方便，锚定板挡土墙一般采用竖直墙面。钢拉杆采用普通圆钢，外设防锈保护层。每根拉杆端部的锚定板通常为单独的钢筋混凝土方形板。

（二）锚定板挡土墙支护技术的不足

①锚定板挡土墙高度不能太高。对已建锚定板挡土墙的统计表明，锚定板挡土墙高度一般都小于10m。公路和铁路规范中也规定，锚定板挡土墙单级高度不宜大于6m，双级高度不宜大于10m。

②临时支撑措施不稳定。传统锚定板挡土墙在肋柱施工时，都采用临时支撑，这种临时支撑使锚定板挡土墙在施工过程中产生过大的施工位移。例如，韩家铺锚定板桥台因过早拆除支撑木和定位木，使肋柱的最大位移达到105mm；马营湾煤矿采空区锚定板挡土墙，其上墙和下墙沉降值分别达到183mm和148mm。锚定板挡土墙越高，施工位移问题越突出，这也是限制锚定板挡土墙建设高度的主要原因之一。

③拉杆强度受限。传统锚定板的拉杆一般采用单根大直径钢筋，一根钢筋抗拉强度有限，而且不便增加拉杆数量，限制了单块锚定板的设计面积，影响了锚定板挡土墙实现高大的能力。这些问题都制约了锚定板挡土墙的进一步发展。

（三）锚定板挡土墙支护设计应遵循的原则

1. 锚定板挡土墙设计原则

①土压力计算一般按主动土压力计算，要采取一个土压力增大系数 m，

肋柱间距取 2.2m，混凝土等级为 C35，计算出土压力强度，按简支梁计算出挡土板配筋。

②肋柱为受弯构件，主要承受由挡板传来的土压力，并以拉杆作为水平反力的支点。肋柱应按弹性支撑连续梁计算其各个支点的反力，各截面的弯矩和立柱低端的受力情况，并经计算确定肋柱截面和配筋。

③拉杆长度按整体稳定性要求决定，应采用延伸性和可焊性好的热轧钢筋及螺丝端杆组成，根据立柱的支座处的支反力求出拉杆拉力，在立柱竖直，拉杆水平时，拉力即等于支反力，在确定拉杆截面时取抗拉安全系数为 1.7。最下层拉杆的长度除满足稳定性要求外，应使锚定板埋置于主动破裂面以外不小于 3.5h 处（h 为矩形锚定板的高度）；最上层拉杆的长度应不小于 3m。考虑到上层锚定板的埋置深度对其抗拔力的影响，最上层拉杆至填土顶面的距离取 2m。拉杆计算直径在计算的基础上增加 2mm，作为防钢材锈蚀的安全储备。

④锚定板分为浅埋和深埋两种情况，埋置深度小于 3m 时，按浅埋考虑，设计中最上层的锚定板宽度方向连续，根据相关公式计算其极限抗拔力。埋置深度大于 3m，按深埋考虑，其单位容许抗拔力为 100～150kPa。锚定板采用方形钢筋混凝土板，混凝土标号为 C35，竖直埋置在填土中，故忽略不计拉杆与填土之间的摩擦阻力，则锚定板承受的拉力即为拉杆拉力。锚定板的厚度和钢筋配置分别在竖直方向和水平方向按中心支承的单向受弯构件计算，并假定锚定板竖直面上所受的水平土压力为均匀分布。锚定板与拉杆连接处的钢垫板，也可按中心有支点的单向受弯构件进行设计。

2. 材料选用原则

①锚定板挡土墙墙背填土应采用粉土，不能采用冻胀土、膨胀土、盐渍土及块石类土，严禁采用白垩土、硅藻土及有腐蚀作用的酸性土和有机质土；

②填土施工时应分层压实，要求填土容重不大于 18kN/m^3，摩擦角不小于 30°。拉杆两端分别焊接螺丝端杆与肋柱和锚定板相连。拉杆涂两层防锈漆，且缠绕用热沥青浸透的玻璃纤维布两层，施工时拉杆应拉紧。

二、锚定板挡土墙支护设计的主要内容

（一）肋柱设计

在锚定板挡土墙中挡土板传递的侧向土压力主要由肋柱承受，肋柱在设计过程需要按照受弯构件进行设计、相邻肋柱中心间的距离为设计荷载的计算跨度，一般来说，肋柱式锚定板挡土墙上、下两级墙的肋柱应沿线路方向

相互错开、分开式锚定板桥台的肋柱横向间距为 1.5~2.0m，挡土墙上肋柱的横向间距为 1.6~2.5m，水平反力的支撑点在拉杆在肋柱上的安装处。肋柱上拉杆的层数、相邻肋柱间、肋柱与肋柱基础之间的连接状况不同，肋柱的内力计算方法也会有所区别。如果肋柱上的拉杆设置为两层，且肋柱平行的放置在条形基础单座基础上时，肋柱的柱底可以看作自由端，此时可以将肋柱看作为单跨梁、挡土墙墙面比较低时一般采用双拉杆单级肋柱，柱底可以看成是自由端；挡土墙的墙后填土比较高时需要采用分级双拉杆肋柱，此时肋柱也可以看作单跨梁，计算肋柱的内力时，按照两端悬出的简支梁计算相关的参数，如剪力、支撑点反力等。肋柱上设置的拉杆层数在三层以上（包括三层）时，需要将肋柱看作连续梁，然后计算肋柱弯矩等相关参数。此外，如果双层拉杆以条形或分离式杯座为基础，肋柱下端深入底座内部，并且形成了铰支点时也应该将肋柱看作连续梁，然后计算其相关参数。如果肋柱受到力的作用后，各支点的水平变形量相同，可以将其看作刚性支撑连续梁，然后计算肋柱弯矩、支撑点反力、剪力。肋柱在使用过程中，由于填土及拉杆变形造成肋板支撑点变形，大多数情况下各支撑点的变形量各不相同，此时需要将肋板看作弹性支撑连续梁进行计算，但是，实际的填土工作并不均匀，土体的变形也比较复杂，导致支点的柔度系数在不断变化、为了保证计算的准确度较高，此时应该将肋柱同时按照刚性支撑连续梁及弹性支撑连续梁两种梁进行计算。

（二）拉杆设计

钢拉杆为连接肋柱和锚定板的受拉杆件，通常是在拉杆两端分别焊接螺丝端杆与肋柱和锚定板相连接。拉杆与肋柱的连接处即为肋柱的水平支点，拉杆拉力的数值即为肋柱支点反力各层拉杆的拉力及肋柱基础的水平反力的总和等于墙面所受总土压力的水平分力。

1. 断面设计

一是材质选择。锚定板挡土结构是一种柔性结构，其特点是适应较大的变形。为了能保证在较大变形的情况下仍有足够的安全度，应选择延伸性较好的钢材作为锚定板结构的钢拉杆。此外，由于拉杆钢筋因长度关系需要焊接，并且在拉杆两端往往需要焊接螺丝端杆，因此还必须选用可焊性较好的钢材，才能保证拉杆焊接部位的质量。拉杆一般采用热轧螺纹钢筋。

二是螺丝端杆。拉杆两端可焊接螺丝杆，穿过肋柱或锚定板的预留孔道，然后加垫板及螺帽固定。

此外，螺丝端杆和拉杆钢筋一样，也应该采用延伸性能和可焊性能良好的钢材。螺丝端杆包括（螺纹、螺母、钢垫板及焊接）按照与拉杆钢筋断面等强度的条件来进行设计。

三是拉杆长度。锚定板挡土结构的拉杆长度，通过每一块锚定板的稳定性检算及结构的整体稳定性检算来决定。应满足以下要求。

①对于锚定板桥台，其拉杆长度至少要使锚定板埋置于主动破裂面以外3.5倍的锚定板边长处。

②对于锚定板挡土墙，其最上边一层拉杆的长度，应超出工线铁路远离挡墙侧的枕木端头。最下层拉杆的长度应使锚定板埋置于主动破裂面不小于3.5倍的锚定板边长处。

拉杆设计时，还要考虑上层锚定板的埋置深度对其抗拔力的影响，要求最上一层拉杆至填土顶面的距离不能小于1m。

2. 防锈设计

钢筋的锈蚀作用受许多因素影响。暴露在湿空气中并与酸性水和空气反复接触的钢筋蚀速度最快。埋在碱性土中而且其周围孔隙水和空气不易流动时钢筋不易锈蚀。

一些文献资料认为，埋在土中的钢筋锈蚀速度平均约为每年0.01mm。因此必须对拉杆钢筋进行防锈处理。锚定板挡土结构采取的防锈措施是在钢筋表而涂两层沥青船底漆，并缠裹用热沥青浸透的玻璃纤维布两层，以完全隔绝钢筋与土中水及空气的接触。此外，还在设计中规定将钢拉杆的直径增加2mm，作为预防钢筋锈蚀的安全储备。

拉杆螺栓与肋柱及锚定板连接的部位无法包裹，是防锈的薄弱环节，应压注水泥砂浆或用沥青水泥砂浆充填其周围并用沥青麻筋塞缝，需慎重处理。

（三）锚定板设计

1. 锚定板面积

锚定板一般采用方形钢筋混凝土板，混凝土标号不低于C20，竖直埋置在填土中，一般忽略不计拉杆与填土之间的摩探阻力，则锚定板承受的拉力即为拉杆拉力。

锚定板面积根据拉杆拉力及锚定板容许抗拔力来确定，即

$$A_F = \frac{R}{T_R}$$

式中，A_F 为锚定板面积，m^2；R 为拉杆拉力，kN；T_R 为锚定板单位面积容许抗拔力，kPa。

除了满足上述计算要求外，锚定板尺寸还要满足下列构造要求：柱板拼装式墙的锚定板面积不应小于 $0.5m^2$，壁板式墙的锚定板面积不应小于 $0.2m^2$，一般采用 $1m \times 1m$ 的锚定板。

2. 锚定板配筋

锚定板的厚度和钢筋配置可分别在竖立方向和水平方向按中心支承的单向受弯构件计算，并假定锚定板竖直面上所受的水平土压力为均匀分布。除验算锚定板竖直和水平方向的抗弯及抗剪强度外，尚应验算锚定板与拉杆钢垫板连接处混凝土的局部承压与冲切强度。考虑到安装误差及施工、搬运及其他因素，在锚定板前后面双向布置钢筋。

锚定板拉杆连接处的钢垫板，也可按中心有支点的单向受弯构件进行设计。

锚定板预制时中心应留穿过拉杆的扎道，其要求同肋柱的预留孔道。

3. 锚定板整体性计算

群锚式挡土墙这种锚定板结构上部拉杆的长度小于下部拉杆的长度。在此情况下，锚定板 C_1 和 C_2 的稳定分析应分别考虑土体 $AB_1C_1D_1$ 和土体 $AB_2C_2D_2$ 所受的外力及其稳定。B_2 为介于上下拉杆与立柱相交处的中点。

现以土体 $AB_1C_1D_1$ 的稳定性分析为例：它所受到的推力为主动土压力，作用于这个土体的垂直边界 C_1D_1 上。在它的下部边界 B_1C_1 上，有一个抵抗滑动的力 R，其水平分力为 R_h。

（1）垂直边界稳定性计算

垂直边界稳定性分析公式为

$$E_\alpha = \frac{1}{2}\gamma h(h+2h_0)\tan^2(45° - \varphi/2)$$

$$R_h = G\tan(\varphi - \alpha) = \frac{1}{2}\gamma h(h+h_0)\tan(\varphi - \alpha)$$

$$F_{s1} = \frac{R_h}{E_a} = \frac{\tan(\varphi - \alpha)}{\tan^2(45° - \varphi/2)} \cdot \frac{L(H+h)}{h(h+2h_0)}$$

式中，F_{s1} 为垂直边界条件下的抗滑安全系数；φ 为填土内摩擦角，L 为下拉杆的长度。

（2）倾斜边界稳定性计算

锚定板倾斜边界稳定性分析公式为

$$T_1 = \frac{1}{2}\gamma h(h+2h_0)\cot\alpha_1(\sin\alpha_1 - f\cos\alpha_1)$$

$$T_1' = T_1[\cos(\alpha_1-\alpha_2) - f\sin(\alpha_1-\alpha_2)]$$

$$R = \frac{1}{2}\gamma L(h+H)(f\cos\alpha_2 - \sin\alpha_2)$$

$$F_{S2} = \frac{R}{T_1'} = \frac{L(h+H)}{h(h+2h_0)} \cdot \frac{(f\cos\alpha_2 - \sin\alpha_2)}{\cot\alpha_1(\sin\alpha_1 - f\cos\alpha_1)} \cdot \frac{1}{\cos(\alpha_1-\alpha_2) - f\sin(\alpha_1-\alpha_2)}$$

式中，F_{s2} 为倾斜边界条件下的抗滑安全系数；f 为摩擦系数，$f=\tan\varphi$，φ 为填土的内摩擦角；L 为拉杆长度。

当计算 F_{s2} 时，应假设一系列不同的 α_1 值，并计算与之相应的 F_{s2}，由此求得 F_{s2} 的最小值，即为最危险的条件。经验证明，最危险滑动面的 α_1 值大为 40°～50°。

（四）挡土板设计

挡土板设置于肋柱的内侧，直接承受填土的侧压力并将侧压力传递给肋柱。其设计、构造要求与锚杆挡土墙挡土板一样，但矩形板的最小厚度可采用 0.15m，板宽一般为 0.5m，挡土板上应留有泄水孔，板后应设置反滤层。

壁板式墙的墙面板，可采用矩形或十字形、六边形等钢筋混凝土板，墙面板上一般设置一根拉杆，按单支点双向悬臂板计算其内力并配筋。置于墙身最下部的场面板尚应按偏心受压构件验算混凝土的抗压强度。

三、新型锚定板挡墙支护设计

（一）锚定板设计

锚定板设计首先根据锚定板的埋设深度确定其单位面积的容许抗拔力，再计算所需要的锚定板面积。公路和铁路规范中规定，单位面积的抗拔力应根据现场拉拔试验确定，当无条件进行现场拉拔试验时，可根据施工具体条件，参照经验数据确定。卢肇钧等研究建议：埋置深度在 3～5m 的锚定板，容许抗拔力为 100～120kN/m²；埋置深度在 5～10m 的锚定板，容许抗拔力为 130～150kN/m²；埋置深度小于 3m 的浅埋锚定板，容许抗拔力按下式计算：

$$T = 0.25\gamma H^2(K_p - K_a)B$$

式中，T 为锚定板容许抗拔力，kN；γ 为填土重度，kN/m³；H 为埋置深度，m；K_p 为被动土压力系数；K_a 为主动土压力系数；B 为锚定板的边长，m。

（二）高大锚定板挡土墙的拉杆设计

拉杆材料采用高强度钢绞线。钢绞线外套聚氯乙烯（PVC）管，埋设前做好防锈处理，管内注水泥浆。为了保证拉杆在填土完成后不随填土的不均匀沉降而弯曲，在 PVC 管下铺碎石垫层，保证钢绞线的顺直。

拉杆长度对锚定板的抗拔力有影响，研究表明拉杆越长，锚定板所能提供的抗拔力越大。但实际设计时还应综合考虑墙后填土空间的范围和材料用量。根据土墙法的研究结果，拉杆长度取 0.8 倍墙高是比较合适的。

（三）高大锚定板挡土墙的肋柱设计

肋柱设计采用短桩作为桩基础，目的是在填土过程中，肋柱能够自稳，而且不需要临时支撑，并且使桩底进入较坚硬地层，减小肋柱的垂直位移。为了使肋柱的桩基础锚固更加牢固，还可在锁口附近增加预应力锚索等工程措施。高大锚定板挡土墙肋柱的结构形式类似于路堤锚索桩板墙中桩的结构，但是锚定板挡土墙的短桩不具有抗滑作用，这是与锚索桩板墙的主要区别。肋柱的内力计算采用有限差分法。有限差分法是用微分方程定解问题来求解的最广泛数值方法，其基本思想是用离散的、只含有限个未知量的差分方程去近似代替连续变量的微分方程和定解条件，并把相应的差分方程的解作为微分方程定解问题的近似解。在具体设计时编写了有限差分程序来解决问题。

第八章 基坑动态支护技术

当前,传统的支护设计与结构技术仍不完备,存在诸多问题,如对基坑变形因素的应对不足等。因此,要提高基坑支护的水平,就必须改变过去静态的基坑支护设计与支护结构,对基坑实行动态支护设计。时空效应理论、反分析法、增量法等理论和方法为基坑动态支护的实施提供了理论和方法基础。根据当前基坑支护技术的不足,可以通过拱支可调基坑支护技术、轴力复加支护技术、隆倾互抑支护技术实现对基坑的动态支护。

第一节 基坑动态支护技术的发展

一、基坑支护中存在的问题

(一)基坑支护设计的不足

设计单位在根据建设场地情况和工程经验对深基坑支护结构进行预设计阶段主要面临的问题是设计计算方法的选择及土压力的计算问题。首先,如果设计计算模型选择不当,计算时将模型过度简化从而造成与实际情况相差过大,那么可想而知得到的设计方案并不能准确真实反映场地条件。其次,土体自身性质尤其的复杂,且受到众多因素的影响。现有的土木工程设计计算一般采用极限平衡法,然而使用传统力学计算方法的结果误差有时较大。随着计算机技术的发展,许多基于计算机建模的有限元分析方法被提出,有限元计算软件也被大量的开发应用,但是由于计算模型的选取和土体力学参数的取值往往存在不确定性、边界条件众多难以处理等问题,因此面对规模大、深度深的基坑工程其适用性也难以很好保证。最后,不管使用哪种计算方法,经典的土压力理论的验证也是一个急需解决的难题。大量的工程实例和原位试验研究得出,现有的土压力理论,在具体工程应用中难免存在一定的差距。并且实际土体力学参数很难与试验室获得的指标保持一致,这就使得土压力的选取增添了许多不确定性因素。所以,选取合适的深基坑内外的主、被动土压力一直是现实深基坑工程最主要的问题。目前大多数施工设计单位根据勘察资料再结合以往的实践经验便对深基坑支护结构进行施工设计，之后便将初步设计方案通过相关单位检审后给予施工单位实施。初步设计阶段一般是根据工程勘察资料和以往工程经验进行的，在设计时充分参考了投入使用后人们的使用需求，以及对使用功能和主体结构的强度都进行了全面设计以保证其安全性，但是因此缺少了施工工序的模拟，导致支护设计方案一般采用类比的方法进行，有些设计方案基本上是原封不动的套用其他案例，对土体开挖过程及施工支护结构过程中是否安全可靠、所采取的方案是否符合实际场地情况等动态情况分析不足，还经常将施工支护会出现的问题交给施工方来判断解决。施工方在拿到施工图后，便将施工文件作为合同文件，入场后便按图施工，如果施工过程中发生地质环境变化或特殊情况就交给施工方来进行设计调整，之后将调整后的设计方案交给建设单位和设计单位，双方同意后开始实施调整。对原始设计方案进行调整不仅会使工程成本发生改变，而且调整起来需要多方面协调，因此一般施工方都不想对施工文件做出更改，这也就导致了施工方主要还是根据原设计方案来进行施工，这就是所谓的静态设计方法。

（二）基坑支护结构的不足

目前基坑工程中采用较多的支护形式是连续墙、板挡等围护结构加圈梁、撑锚等形式，且支撑多为直撑。这些支护形式及其组合存在一些缺点，下面以直线型支撑为例，介绍说明现有基坑支护的特点及存在的问题。

目前，基坑支护所使用的支撑，如角撑、水平撑、斜撑、桁架撑、井字撑等，都是采用直撑结构，即用直线形结构及其组合水平或倾斜地架设在连续墙、桩体或者环梁等围护结构的一定高程上，以抵挡由于开挖卸荷及其他不确定因素引起的土压力和坑壁坑周可能出现的过大变形。

但现有直撑支护结构形式，实施过程中，存在以下一些不足。

①直撑前坑壁坑周将出现一定变形，该变形不具恢复能力。

基坑开挖到已设计直撑的安装并发挥作用必定存在一定的时间间隔，由于侧向卸荷作用，该时间段内坑壁坑周已向坑内产生了一定的位变，施工扰动和地下水流场变化导致的坑周土体固结沉降也会增加这种位变量，如图8-1所示，Δ为坑壁在支撑点处发生的初始位变量。

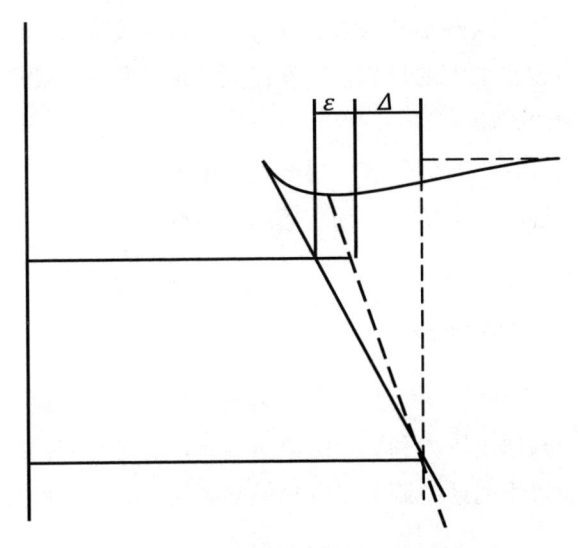

图 8-1　直撑系统及其变形示意图

直撑作用下，这部分变形是永久性的，不可恢复。这种变形在目前所有基坑工程中都必然存在。

②受到轴力作用后，支撑材料会出现一定的压缩变形。

现有直撑都非绝对刚性，具有典型的弹塑性，在土压力作用下也会产生一定的纵向压缩 ε，如图 8-1 所示，进而增加坑壁坑周的变形量。

在直撑作用下，这种压缩及挠曲所引起的坑壁变形也是永久性并不可恢复的，随着施工卸荷的进行，还有进一步增加的趋势。对于锚拉结构，支撑的纵向压缩变形 ε，等同于土钉和锚索（杆）的轴向拉伸变形。

③对不确定因素引起的变形，不具有调节控制能力。

基坑本身的不确定因素极多，坑周荷载的不确定性、温度气候的不确定性、施工因素的不确定性、时空效应的不确定性等，必然会引起坑壁土压力随时可能发生变化，即坑壁土压力是一个变动的量，而设计支撑时土压力采取的大都是确定的值，一次设计到位的直撑支护系统对土压力的频繁变化所引起的相应变形，不具有调节能力。

④支护体系的一些自身特点，使得支护体系存在系列局限性。

例如，水平直撑，在长细比较大时，等效于细长杆，而两固定端受压的细长杆在很小横向力作用下也易发生挠曲失稳，基本不具有同时抵抗纵横向作用的能力。

又如，直撑结构作用下，直撑下面的作业空间受到限制，如上所述，直撑不具有抵抗侧向荷载的能力，一般不能直接在支撑结构上进行施工作业，这也进一步降低了直撑上部空间利用的可能性。

在直撑作用下，这些不利因素及其可能引起的变形都是不可恢复的，不可调节的，并有逐步增大的趋势，当积累到一定的程度，便会引起基坑本身甚至坑周构筑物的破坏。

因此，要么设计得较为保守，要么按固定的土压力值一次性设计直撑系统，否则很难保证整个基坑生存期变形的动态变化，这是目前支护系统典型缺陷之一。

二、基坑的动态支护

动态支护技术变形控制理念，其基本思想就是在支护强度足够的前提下，结合监测信息，根据土压力和变形的增减变化，对已有支护结构的支护能力进行相应的可大可小的动态调节，以确保基坑始终处于变形及强度控制标准之内的一种支护技术。

根据相关概念，动态支护理念的本质是一种支护技术。该支护技术的成功实施，需要把握如下四个关键环节的内容。

①支护强度足够；
②进行监测检测；
③支护能力动态调节；
④确定调控标准。

支护强度足够，并不是说完全考虑各最不利因素，按最保守情况进行设计，而是说按一般最不利原则进行设计，在支护期间及支护能力调节的时候，能确保支护强度足够即可。在支护服役期间及支护调节过程中，可以实时适当地对支护能力进行临时性补强。

进行监测及检测，即需对基坑变形及土压力，支护结构的内力及变形等进行过程监测，部分结构的特征参数需同时进行检测。

支护能力动态调节，是指根据监测及检测结果，对支护结构的支护能力进行调节。在坑壁变形、坑周土压力增加时，可考虑增加支护能力，使抵御坑壁变形的支护能力得到提高，反之可向减小支护能力的方向调节。在支护结构内力及变形接近报警值时，可对其支护能力进行适当减小调节，或者采取其他辅助措施，以弥补可能进一步发展的趋势。

确定控制标准，是指根据结构自身特性、工程实际等，确定所遵从的变形及强度控制要求，指定变形及强度的临界值。

第二节　基坑动态支护的主要技术

一、动态支护的原理与方法

(一) 时空效应理论

1. 时间效应

含水量高、渗透性不强、流变性大是软土地区土壤的典型特征。软土变形和强度随时间变化而出现不同的特性，这也是软土流变性的典型反应。李作勤、詹美礼、孙钧等通过大量的实验研究表明，软土的应变与应力并非简单的数学变量关系，而是包括时间因子在内的函数关系，即软土流变性在宏观上呈现为土体的应力、应变及时空上的强度是以时间为变量的函数关系，随着时间的变化，土体呈现出以下特点：①渐变性，即在恒定的载重状态下，土体变形随时间变化而变化；②流变性，即土体的流变速度与应力之间变现为函数关系；③松弛性，即在变形保持恒定的状态下，应力随时间而逐渐减少；④强度性，即在长期受荷载的情况下，强度随时间而降低。

2. 空间效应

基坑开挖是在某种程度上呈现出与周边土体相关联的空间状态。根据专家学者，即工程师的工程试验及经验也表明，基坑的大小、平面特性、基坑深度及开挖的程序步骤等，极大地影响着基坑周边的土体的变形、位移等。同时支撑结构对周边土体的稳定性也有着明显的影响。支撑结构和土体的空间作用对于有效控制和减轻支撑结构的压力及防止变形也是显著可见的。

3. 时空效应的技术特点

利用时空效应进行基坑开挖工程最重要的特点就是施工与设计同步进行。要把施工工序、参数作为基坑开挖设计的必要依据，并且在施工过程中严格按照设计的要求尤其是工序，即参数施工。每个基坑施工步骤及开挖大小、开挖位置及先后顺序、未支护裸露面面积与时间参数等施工因素都极大地影响着基坑的变形和稳定。因此，基坑设计尤为重要。在基坑设计过程中要以科学的施工工序来降低或减少土体的流变性对基坑变形的影响，甚至采取必要的支护措施加固地基，以免地基变形，从而有效地保护周边环境。

严格遵循"分层挖、禁超挖、先支后挖、及时支护"的原则是充分利用时空效应以减少基坑变形尤其在软土区开挖基坑的前提。具体做到：科学制定工程工序、施工参数；均匀、对称开挖；适量增加分层开挖的层数；

减少开挖土方的宽度和深度；缩短无支撑裸露面的时间；及时采取支撑措施。通过这些方法可以有效发挥土体自身的抗变形能力，进而有效控制基坑变形。

（二）反分析法

反分析法于1976年由相关学者提出，它是一种基于现场量测和计算机分析为主的方法，已在地下工程、边坡稳定工程、桩基工程、基础工程及地质勘探中发挥了巨大的作用。

反分析法是指相对于用已知各种参数条件求解结构位移、应力或其他力学量的正分析法而言的方法，其反过来从现场实测的各种物理力学量（如位移、应力孔隙水压力等），基于材料的结构关系，通过数值计算来推断确定实际工程中各种土或其他结构材料的设计参数值。该参数值显然比室内试验所得的参数值更接近于实际。用这些参数再进行设计必然使设计的结果更加符合实际，即确保工程安全，又节省造价，其要点有以下两点：①必须进行仔细正确的现场观测，这不单是为了预测可能逐渐临近的破坏，也是为了确切地弄清初始设计所采用的各种设计参数值。②必须对现场实测数据的有效性进行分析，并根据有效性的确定原则进行确认。

反分析法的基本方法有以下三种。

（1）逆分析法

逆分析法通常需要变换平衡方程的顺序，将所要求的参数分离出来，然后根据实际观测值及其他已知条件求解出需求的参数。它一般用于弹性问题的位移及材料参数的反演。

（2）概率统计法

在各种概率统计法中，贝叶斯（Bayes）方法优点最多。贝叶斯方法的基本思路是既考虑总体各自出现的先验概率，又考虑错报造成损失。

记 $P(B/A)$ 表示在事件 A 发生的条件下，事件 B 发生的概率。由概率的乘法定理，有 $P(B/A)=P(B)P(B/A)=P(A)P(B/A)$，并根据全概率公式 $P(A)=\sum_{i=1}^{n}P(B_i)P(A/B_i)$，可以获得贝叶斯的逆概率公式：

$$P(B_i/A) = \frac{P(B_i)P(A/B_i)}{\sum_{i=1}^{n}P(B_i)P(A/B_i)} \quad i=1, 2, \cdots, n \tag{8-1}$$

其中，$B_1, B_2, \cdots, B_i, \cdots, B_n$ 为基本事件空间集 RP 的一个划分，且 $P(B_i)>0$，$\sum_{i=1}^{n}P(B_i)=1$。概率 $P(B_1)$ 称为失验概率，它可以由经验给出，

也可以是由收集到的资料来估计，甚至也可以是假定的；$P(B_i/A)$ 称为后验概率；因为它是在得到新的信息，新的条件，即事件 A 发生后需重新加以修正和确认的概率，修正的办法就是贝叶斯后验概率一般可能有多个，需要根据专业知识和经验确定。

（3）直接分析法

直接分析法把数值分析和数学规划法结合起来了，通过不断修正土的未知参数，使一些现场实测值与相应数值分析的计算值的差异达到最小，它是一种应用最广的反分析方法，因其不像逆分析法那样需要重新推导数值分析的方程，所以可以应用于非线性弹塑性问题的分析。

通常在直接分析法中，把一些实测值（如位移、孔隙水压力等）与相应的数值分析计算两者差的平方和作为目标函数 J，即

$$J = \min\left[\sum_{i=1}^{m}(S_i - S_i^*)^2\right] \quad (8-2)$$

式中，m 为实测总数；S_i^* 为第 i 点测测值，如位移、孔隙水压力等；S_i 为相应的数值分析计算值。

式（8-2）中 S_i 是随着土力学参数 $\{P\}_n$ 值的不同而变化的。N 为独立变化的需要通过反分析法确定的参数总数。S_i 是参数 $\{P\}_n$ 的函数，因此，目标函数 J 为参数 $\{P\}_n$ 的参数，这样反分析计算转换为求一目标函数的极小值问题，当目标函数 J 达到极小值时，其所对应的参数值 $\{P_n\}$ 就是反分析法需得到的结果。

（三）增量法

随着现代城市建设规模和功能要求的不断提高及计算技术的长足发展，人们对深基坑支护工程的认识日益深入，深基坑支护工程的过程相关特性逐渐为设计者和施工者所重视并成为当前研究热点的问题之一。

单纯考虑稳定与强度的静力平衡法、等值梁法等传统设计方法逐渐被能够综合考虑稳定、强度、变形特性及过程相关性的先进设计方法所取代。考虑深基坑施工过程相关特性的设计方法大体上划分为增量法（又称叠加法）与总和法。这两种方法均适用于整个受力过程中刚度不变的情况，而当刚度变化时只能考虑采用增量法。

采用总和法时外荷载为各施工阶段实际作用在墙上的有效土压力和锚杆预应力等荷载，刚度来自土体、支撑（锚杆）两部分。在支护点处应施加支撑（或锚杆）之前该点已产生的位移，由此可以直接计算出当前施工阶段完成后支护结构的实际位移与内力。

采用增量法计算时，外荷载为从上一阶段施工到现阶段施工时所产生的荷载增量，所求得的支护结构的位移与内力相当于前一阶段施工完成后的增量，当墙体刚度不发生变化时，与前一施工阶段完成后的墙体位移及内力相叠加，可以计算出当前施工阶段完成后支护结构的实际总位移与总内力。

在增量法计算中，作用在墙体上的土压力为上一次开挖完成后到当前位置时的土压力增量，从另外的角度理解，该土压力增量正是被动区土体卸荷所产生的不平衡力，故也可称为卸荷量。开挖前，墙前后的土压力均为静止土压力，用三角形 abc 来表示，大小为 P [图 8-2（a）]，此时处于静力平衡状态。开挖到某一位置 h 时 [图 8-2（b）]，假设墙体现在没有任何位移，也就是假设此时被动区土体没有产生抗力，土压力仍然是静止土压力，用图中 cde 三角形区域表示，大小为 P_1，开挖后土压力减少了一个梯形区域 abde，如图 8-2（b）阴影部分，其值为 $P_2=P-P_1$，即在这一开挖过程中减少的土压力。被动区减少相当于在主动区反向施加了一个同样大小的力，该力即为增量法中的土压力增量。但增量不仅局限于土压力增量，在此次开挖中被动区所有减少（挖去的土体的反力）和增加（如预应力锚杆的预应力）的力都为增量。

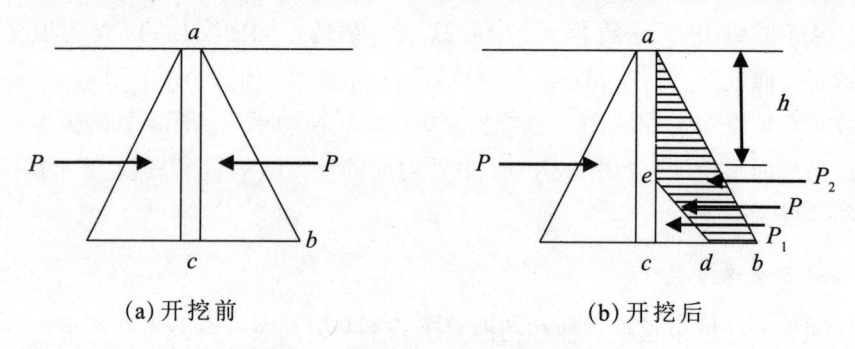

(a) 开挖前　　　　　　　(b) 开挖后

图 8-2　增量法土压力计算简图

二、基坑动态支护的拱支可调基坑支护技术

（一）拱支可调基坑支护的基本原理

拱支可调基坑支护法，即采用轴线为拱形的支撑（简称拱形支撑），代替以轴线为直线的支撑（简称直线型支撑），利用拱形结构在竖向荷载作用下，可以产生较大横向张力的原理，在拱背施加竖向荷载 P，如图 8-3 所示，使得拱形支撑 1 在拱脚（与坑壁围护结构相连）产生较大的横向张力，即对坑壁的横向支撑力，从而使得坑壁变形得到控制。

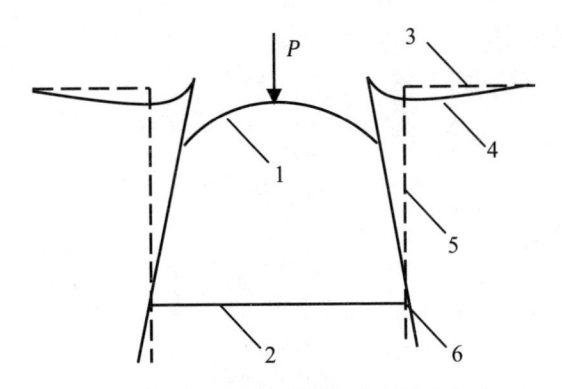

图 8-3　拱形支撑动态支护技术

1- 拱形支撑；2- 坑底；3- 初始地面；4- 变形后的地面；5- 初始坑壁位置；6- 变形后的坑壁位置

增加或减小竖向荷载 P，即可实现对坑壁变形的调节，甚至使得坑壁变形从图 8-3 所示的位置 6，调节变化至坑壁初始位置 5，从而极大地确保了坑壁及坑周环境的安全与稳定。

拱形支撑动态支护技术，是符合动态支护思路及流程的，不需多次设计，不需调整支护体系及其结构，只需根据变形发展需要，调节荷载 P，进而复加或减小支护系统的支护能力，实现动态地调节控制坑壁变形，确保坑壁坑周安全与稳定。

（二）拱支可调基坑支护的设计

1. 受力分析

三铰拱的力学分析如图 8-4 所示，图中，l、f 分别为拱撑的跨度和矢高，P 为可调节载荷。a 为可调节荷载 P 的作用位置，H_A、H_B、V_A、V_B 分别为拱撑在拱脚处受到的水平向和竖直向作用力。同时，设拱的重力为 G，重度为 r，取坐标中心在左侧拱脚处，X 正向指向右侧拱脚，Y 正向竖直向上。

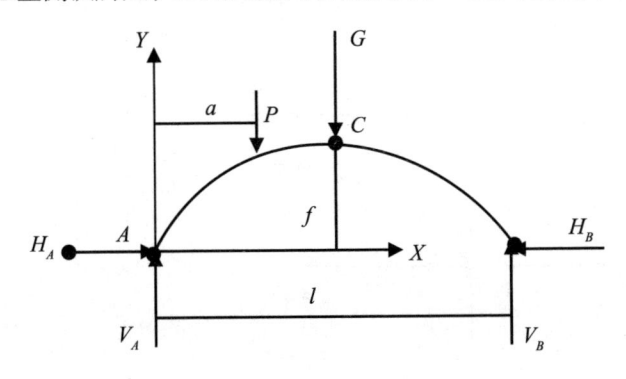

图 8-4　三铰拱的力学分析

2. 拱的力的计算

（1）拱脚反力计算

以三铰拱整体为研究对象，由 $\sum X=0$ 得

$$H_A=H_B \tag{8-3}$$

由 $\sum M_A = 0$ 得

$$P_a + G \cdot \frac{1}{2} - V_B l = 0 \tag{8-4}$$

由 $\sum M_B = 0$ 得

$$V_A l - P(l-a) - G \cdot \frac{1}{2} = 0 \tag{8-5}$$

4个未知数3个方程，还不能确定未知数的具体数值。因此取左半拱为隔离体，以顶铰 C 为力矩中心，由力矩平衡 $\sum M_C=0$，可再得一个方程，即

$$V_A \frac{1}{2} - \frac{G}{2} \cdot \frac{1}{4} - H_A f - P\left(\frac{1}{2}-a\right) = 0 \tag{8-6}$$

将各式结合，即可求得对称三铰拱拱脚的各反力

$$V_A = \frac{G}{2} + \frac{P(l-a)}{l} \tag{8-7}$$

$$V_B = \frac{G}{2} + \frac{P_a}{l} \tag{8-8}$$

$$H_A = H_B = \frac{Gl + 4P_a}{8f} \tag{8-9}$$

（2）拱身内力计算

拱上任意一截面 K 的位置可由截面的形心坐标（x_K，y_K）和该截面处拱轴线的倾角 φ_K 确定，即 $K(x_K, y_K, \varphi_K)$，如图8-5所示。

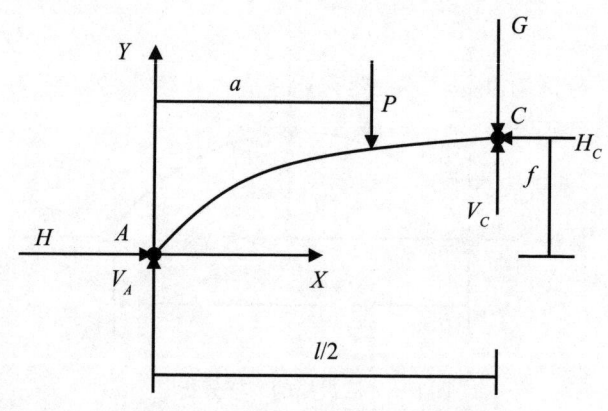

图8-5 三铰拱左半拱隔离体受力分析

K 为截面的弯矩为 M_K，等于截面一侧所有外力在该截面产生的弯矩之和，即

$$M_K = V_A x_K - H_A y_K - P(x_K - a) - \gamma S_K \frac{x_K}{2} \quad (8\text{-}10)$$

式中，γ 为拱的重度；S_K 为从坐标原点到截面 K 之间的弧长。

K 截面的剪力 Q_K 和轴力 N_K，分别等于截面一侧所有外力在该截面剪力方向和轴力方向投影的代数和，即

$$Q_K = V_A \cos\varphi_K - P\cos\varphi_K - \gamma S_K \cos\varphi_K - \sin\varphi_K \quad (8\text{-}11)$$

$$N_K = V_A \sin\varphi_K + H_A \cos\varphi_K - P\sin\varphi_K - -\gamma S_K \sin\varphi_K \quad (8\text{-}12)$$

通过公式即可求得三铰拱拱撑任意截面的内力。

3. 拱的设计

（1）拱轴截面设计

设 p_δ 为坑壁土压力值，拱撑施加后，任意时刻拱撑拱脚受到的水平作用力 H_A、H_B 和坑壁土压力 p_δ 之间存在对应的关系，令

$$H_A = H_B = kp_\delta \quad (8\text{-}13)$$

式中，k 为系数。

将式（8-13）带入对应公式，即可求得最不利工况下拱撑任意截面的内力。设最不利工况下拱撑上形成的最大内力分别为 N_{max}、M_{max}、Q_{max}，根据强度条件有

$$\begin{cases} \dfrac{N_{max}}{A} \geqslant [\sigma] \\ \dfrac{Q_{max}}{A} \geqslant [\tau] \\ \dfrac{M_{max}}{W} \geqslant [\sigma] \end{cases} \quad (8\text{-}14)$$

式中，$[\sigma]$、$[\tau]$ 分别为拱撑材料的容许用正应力和容许用切应力；A 为拱撑的截面积；W 为拱撑的抗弯截面模量。

通过拱撑的截面积 A 和抗弯截面模量 W 试算出拱撑截面的几何尺寸。

（2）矢高和跨度的设计

设拱曲线方程为 $y=F(x)$，假定拱支撑施加时基坑已接近于主动极限状态，此时坑壁位移为主动极限位移，大小为 δ_a。拱撑施加后通过可调节荷载的作用，不仅可以促使坑壁恢复到初始位置，而且可以使基坑处于被动极限状态，取被动极限状态时坑壁发生的被动极限位移量为 δ_p。则拱的总弧长 S

应不小于基坑的设计宽度 L 与被动极限位移量 δ_P 之和，且拱的跨度 l 与坑壁主动极限位移量 δ_a 的总和应不小于基坑的设计宽度 L，即拱的矢高 f 和跨度 l 满足以下条件：

$$l+2\delta_a \geqslant L$$

$$S = \int_{-\frac{l}{2}}^{+\frac{l}{2}} \sqrt{1+y'^2}\,dx \geqslant L+2\delta_P$$

设计时，公式满足相等条件即可，也可结合变形控制标准，对矢高和跨度给予偏大取值，尤其是矢高的增加，可以增大基坑的内部作业空间。不过拱高过大，横向支撑能力将降低，提高相同的横向支撑力所需要的竖向可调节荷载更大，这对以发挥横向支挡作用为主的支撑来说是不合适的。

4. 确定荷载

在可调节荷载 P 的作用下，拱撑拱脚形成的水平向作用力即等于一定比例大小的坑壁土压力，该比例系数 k 的大小与拱撑的位置有关。可调节荷载的大小和作用位置的确定可按式（8-15）计算：

$$P = \frac{8kfp_\delta - Gl}{4a} \qquad (8\text{-}15)$$

如果可调节荷载集中设于拱背正中央，即 $a=l/2$，有

$$P = \frac{8kfp_\delta - Gl}{2l} \qquad (8\text{-}16)$$

坑壁土压力 p_δ 和坑壁位移 δ 等信息可以通过监测得到。

第三节　基坑动态支护的其他形式

一、轴力复加支护技术

（一）轴力复加支护技术设计原理

轴力复加支护技术，通过增大或减小支撑的轴向作用能力，以此达到施工过程中对围护支护结构的支护能力调节的目的，以及对坑壁变形减小调节或增大调节的目的，其原理及效果如图 8-6 所示。

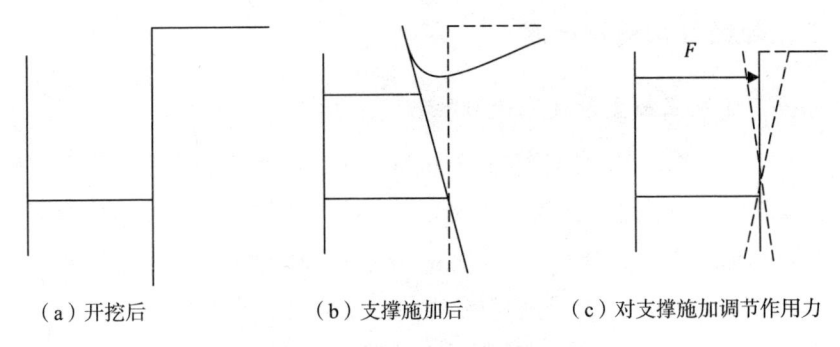

（a）开挖后　　　　　（b）支撑施加后　　　　（c）对支撑施加调节作用力

图 8-6　轴力复加支护技术原理及效果

图 8-6（a）表示开挖后的坑壁初始状态，图 8-6（b）表示支撑施加后，坑壁出现较大内倾变形的情形，图 8-6（c）表示通过对支撑施加轴向调节作用力 F，使导坑壁变形减小的情形。在轴向调节作用力 F 的作用下，坑壁变形可以恢复至图中虚线所包围范围任何位置。

按此原理，通过对支撑轴力的调节，同样可以实现对坑壁土压力、支撑内、围护结构内力等参数做协调调整。

轴力复加支护技术，主要针对具有轴向作用力的支撑支护体系而言，该方法从原理及使用效果上看，属于动态支护技术的一种。

（二）轴力复加支护技术设计方法

轴力复加支护结构的设计和实施，按如下流程实施。

①计算围护结构、支撑等的内力，设计相应的支护结构。

围护结构及支撑体系设计时，除考虑支撑施加时刻的情况外，还要重点关注支撑体系轴力附加前后的力学特性，即需要考虑支撑体系轴力调节到最大与最小时刻的内力和变形变化。

为保守起见，坑壁土压力可以考虑取静止土压力，如果坑壁位移测定准确，岩土参数可靠，可考虑因坑壁位置不同所引起的土压力大小及方向变化。

②制定监测方案、变形控制临界值、强度控制临界值。

③基坑开挖，实施监测。

④布设轴力复加装置。

⑤根据监测信息，当变形或内力等接近控制临界值时，对支撑轴力进行复加，进而协调调整坑壁及坑周变形、支护结构内力等。

二、隆倾互抑支护技术

(一) 隆倾互抑支护技术设计原理

隆倾互抑支撑的基本结构包括与坑壁围护结构相连的下凹形拱形支撑、在坑底隆起区域设置的承压件，以及下凹形拱形支撑与承压件连接的传力结构。根据需要，传力结构可以是单独的传力杆件，也可以是传力杆件结合其他可调节结构元件的形式，可调节结构元件可采用千斤顶等。

传力杆件，可以采取更多利于受力的形式，承压板可以根据坑底土质及可能隆起的变形特征，采取不同大小和形式的承压板。

根据拱形支撑的承载能力和基坑深度等因素，可以考虑设置多道拱形支撑。

开挖后，基坑坑壁将向坑内倾斜，坑底将隆起。在拱形支撑的作用下，坑壁两侧的内倾变形将得到一定的控制，但同时，拱形支撑将在拱脚受到坑壁的挤压，使拱形支撑具有向拱背之外产生弯曲变形的趋势，两者之间的受力和变形存在显著的耦合关系。

在坑底设置承压件等抗隆起构件，通过竖向传力结构与下凹形的拱形支撑相连。坑壁的内倾变形对下凹形的拱形支撑产生的载荷，将通过下凹形的拱形支撑的拱背、传力结构和承压件传递给坑底，从而使坑底的隆起程度得到进一步的抑制。另外，坑底的隆起变形产生的载荷，将通过承压件、传力结构及下凹形的拱形支撑作用在坑壁上，从而可以抑制坑壁的内倾变形。

(二) 隆倾互抑支护设计方法

针对不同的工程实际情况，隆倾互仰支护结构的具体实施方案有所不同。总体来说，采用隆倾互仰支护结构进行基坑支护，主要包括以下步骤。

根据基坑深度、土质、周边环境等情况，设计确定基坑围护结构的类型、隆倾互仰支护结构的规格型号等。

根据确定的围护结构类型，施加围护结构，或者边开挖基坑边施加围护结构。

分层开挖土方，开挖到拱形支撑施加位置，施加各道拱形支撑，拱形支撑的拱背向下。各道拱形支撑之间进行有效连接。

布设坑底抗隆起结构，并通过竖向构件将其与各道拱形支撑之间进行有效连接，竖向构件中部，布设千斤顶等调节构件。通过调节千斤顶，使拱形支撑的横向支撑能力得到调整，实现对坑壁、坑底变形的调控作用。

有的时候，根据需要也可先行布置一道或部分拱形支撑结构，即布设抗隆起结构和竖向调控构件，待土方继续向下开挖后，再增设其他拱形支撑结构，竖向调控构件依次向下延伸并与拱形支撑进行有效连接。

参考文献

[1] 郭院成. 基坑支护 [M]. 郑州：黄河水利出版社，2012.

[2] 孔德森，吴燕开. 基坑支护工程 [M]. 北京：冶金工业出版社，2012.

[3] 熊智彪. 建筑基坑支护 [M]. 2 版. 北京：中国建筑工业出版社，2013.

[4] 史佩栋，等. 深基础工程特殊技术问题 [M]. 北京：人民交通出版社，2004.

[5] 黄求顺，张四平，胡岱文. 边坡工程 [M]. 重庆：重庆大学出版社，2003.

[6] 周志刚，郑健龙. 公路土工合成材料设计原理及工程应用 [M]. 北京：人民交通出版社，2001.

[7] 何光春. 加筋土工程设计与施工 [M]. 北京：人民交通出版社，2000.

[8] 杨广庆. 土工格栅加筋土结构理论及工程应用 [M]. 北京：科学出版社，2010.

[9] 程良奎，范景伦，韩军，等. 岩土锚固 [M]. 北京：中国建筑工业出版社，2003.

[10] 聂庆科，梁金国，韩立君，等. 深基坑双排桩支护结构设计理论与应用 [M]. 北京：中国建筑工业出版社，2008.

[11] 李海光，等. 新型支挡结构设计与工程实例 [M]. 2 版. 北京：人民交通出版社，2011.

[12] 廖红建，王铁行，谢永利，等. 岩土工程数值分析 [M]. 北京：机械工业出版社，2006.

[13] 顾慰慈. 挡土墙土压力计算 [M]. 北京：中国建材工业出版社，2001.

[14] 孙元桃. 结构设计原理 [M]. 2 版. 北京：人民交通出版社，2003.

[15] 赵明阶，何光春，王多垠. 边坡工程处治技术 [M]. 北京：人民交通出版社，2003.

[16] 朱彦鹏，罗晓辉，周勇. 支挡结构设计 [M]. 北京：高等教育出版社，2008.

[17] 林宗元. 岩土工程治理手册 [M]. 北京：中国建筑工业出版社，2005.

[18] 周德培，张俊云. 植被护坡工程技术 [M]. 北京：人民交通出版社，2003.

[19] 魏德敏. 拱的非线性理论及其应用 [M]. 北京：科学出版社，2004.

[20] 刘长卿. 排桩在深基坑基础施工中的设计 [J]. 建筑结构，2010（s2）.

[21] 杨果林. 现代加筋土技术应用与研究进展 [J]. 力学与实践，2002（1）.

[22] 邓小鹏，陈征宙，韦杰. 深基坑开挖中双排桩支护结构的数值结构分析与工程应用 [J]. 西安工程学院学报，2002（4）.

[23] 张土乔，张仪萍，龚晓南. 基坑单支撑拱形围护结构性状分析 [J]. 岩土工程学报，2001（1）.

[24] 胡敏云，夏永存，高渠清. 桩排式支护护壁桩侧土压力计算原理 [J]. 岩石力学与工程学报，2000（3）.

[25] 封盛，辛业洪. 深基坑双排桩支护结构优化设计 [J]. 基建优化，2001（6）.

[26] 尤春安，战玉宝. 预应力锚索锚固段的应力分布规律及分析 [J]. 岩石力学与工程学报，2005（6）.

[27] 李俊才，张倬元，罗国煌. 深基坑支护结构的时空效应研究 [J]. 岩土力学，2003（5）.

[28] 刘爱华，黎鸿，罗荣武. 时空效应理论在软土深基坑施工中的应用 [J]. 地下空间与工程学报，2010（3）.

[29] 姚志国，李丽诗. 浅谈国内外深基坑支护技术的现状及进展 [J]. 黑龙江科技信息，2011（10）.